21世纪高等学校计算机规划教材

21st Century University Planned Textbooks of Computer Science

大学IT实验教程

Information Technology Experiment Course of University

主　编　王太雷　魏念忠

副主编　李　芳　乔　赛　郭小春　朱莉莉　贝依林　叶长国

参　编　冯　玲　周　蓉　任　翔　段西强

U0342413

高校系列

人民邮电出版社

北　京

图书在版编目（ＣＩＰ）数据

大学IT实验教程 / 王太雷，魏念忠主编. -- 北京：人民邮电出版社，2015.9 (2016.8重印)
21世纪高等学校计算机规划教材. 高校系列
ISBN 978-7-115-39952-6

Ⅰ. ①大… Ⅱ. ①王… ②魏… Ⅲ. ①电子计算机—实验—高等学校—教材 Ⅳ. ①TP3-33

中国版本图书馆CIP数据核字(2015)第163371号

内 容 提 要

本书的核心章节中都包含 3 部分内容。第一部分为"教学要求及大纲"，主要介绍各章的学习要点。第二部分为"习题"，针对书中各章节的内容，精心设计了包括单项选择题、多项选择题和判断题等多种题型的练习题。这些题目紧扣山东省计算机文化基础考试客观题的题目要求，有助于读者掌握各章知识点，专心备考。第三部分为"实验操作"，是根据山东省计算机文化基础考试的考试大纲对上机操作的要求，并针对各章的实验要求，设计和安排的相应上机实训内容，并给出了详细的操作过程，有利于读者尽快掌握必备的操作技能。

本书共分 9 章，包括第 1 章信息技术与计算机文化、第 2 章多媒体技术基础、第 3 章 Windows 7 操作系统、第 4 章文字处理软件 Word 2010、第 5 章电子表格处理软件 Excel 2010、第 6 章演示文稿软件 PowerPoint 2010、第 7 章数据库管理系统 Access 2010、第 8 章计算机网络基础、第 9 章信息安全，以及各章习题的参考答案。

本书本着"案例驱动、重在实践、方便自学"的原则编写，在编写中紧扣教学大纲，并结合山东省计算机文化基础考试实际，注重强化性训练，针对性较强。本书可作为大学本科非计算机专业或高职高专院校各专业计算机文化基础课程的实验教材，也可作为各类工程技术人员自学或参加等级考试（一级）的参考用书。

◆ 主　　编　王太雷　魏念忠
　　责任编辑　许金霞
　　责任印制　沈　蓉　彭志环
◆ 人民邮电出版社出版发行　　北京市丰台区成寿寺路 11 号
　　邮编　100164　电子邮件　315@ptpress.com.cn
　　网址　http://www.ptpress.com.cn
　　固安县铭成印刷有限公司印刷
◆ 开本：787×1092　1/16
　　印张：13.5　　　　　　　　　　2015 年 9 月第 1 版
　　字数：354 千字　　　　　　　　2016 年 8 月河北第 2 次印刷

定价：32.00 元

读者服务热线：(010)81055256　印装质量热线：(010)81055316
反盗版热线：(010)81055315

前　言

　　随着信息技术的飞速发展和计算机应用的快速普及，计算机在社会经济发展中的作用日益突出，计算机应用能力已成为当代社会人们生活的基本需要。作为当代大学生，学好计算机文化基础是步入信息社会的基本要求。教育部根据非计算机专业的计算机培养目标，制定了高等院校非计算机专业计算机基础课程体系，目的是使学生了解计算机的基础知识和工作原理，掌握计算机的基本操作技能。学习计算机文化的最终目的在于应用。经验证明，在掌握必要理论的基础上，上机实践操作才是提高应用能力的基础和捷径，只有通过上机实验才能深入理解和牢固掌握所学的理论知识。本书参考了最新《普通高等院校计算机基础教育大纲》，注重与中学信息技术教育大纲的接轨，更新了操作系统和 Office 应用软件等。为了配合《大学 IT 教程》教材的教学，根据多年从事"计算机文化基础"课程教学和组织等级考试的经验，我们编写了这本专门用于强化学生实际动手能力的计算机实训教材，以与《大学 IT 教程》教材配套使用。

　　本书具有内容新颖、结构紧凑、层次清楚、图文并茂、通俗易懂、便于教学、可操作性强等特点，主要包括三个方面的内容：教学要求及大纲、习题、实验操作，便于学生了解学习要求，掌握必要的知识点，学会必需操作技能。

　　全书共分 9 章，主要由泰山学院的教师和泰山学院附属中学的教师周蓉编写，其中第 1 章由王太雷编写，第 3 章郭小春由编写，第 4 章由乔赛编写，第 5 章由李芳编写，第 6 章由朱莉莉编写，第 2 章、第 7 章由魏念忠编写，第 8 章由贝依林编写，第 9 章由叶长国编写，参加教材编写的还有冯玲、周蓉、任翔、段西强等。全书由王太雷、魏念忠、叶长国统稿。

　　本书的每个实验都与教学大纲的要求相对应，通过上机操作中的说明，把计算机基础知识与操作有机地结合在一起，不仅有利于快速掌握计算机操作技能，而且加深了对计算机基础知识的理解，从而达到巩固理论教学、强化操作技能的目的。实验给出了详细的步骤，以满足初学者的要求。我们还在每章后配有综合练习，帮助读者强化操作技能。

　　由于时间仓促，编者水平有限，书中难免有不足或不妥之处，敬请专家与广大读者批评指正。

编者
2015 年 5 月

目　录

第 1 章
信息技术与计算机文化

1.1 教学要求及大纲

信息技术是衡量一个国家科技发展水平的重要标志。信息技术已经广泛应用于社会和经济生活的各个领域，本章主要掌握的知识点如下：

1. 了解计算机的应用领域及发展趋势，掌握计算机的起源与发展、计算机的特点及分类。

2. 掌握各种进制和数在计算机中的表示。主要包括进制的概念、特点及二进制、八进制、十进制、十六进制之间的相互转换规则；计算机中数据的单位：位、字节（B）、KB、MB、GB、TB；字的概念及数字编码、字符编码、汉字编码。

3. 掌握计算机系统的组成、硬件系统的组成、软件系统的分类、计算机语言及语言处理程序。

4. 了解微机的构成、微机的常见总线及作用，掌握微型计算机的分类、主要性能指标、常见输入输出设备。

5. 了解信息技术的概念、计算机文化的概念，掌握数据的概念、信息的概念、数据和信息的关系。

参考学时：实验 4 学时。

1.2 习　　题

一、单项选择题

1. 根据计算机使用的电信号来分类，电子计算机分为数字计算机和模拟计算机，其中，数字计算机是以（　　）为处理对象。

　　A. 字符数字量　　　　B. 物理量　　　　C. 数字量　　　　D. 数字、字符和物理量

2. 下列关于世界上第一台电子计算机 ENIAC 的叙述中，不正确的是（　　）。

　　A. ENIAC 是 1946 年在美国诞生的

　　B. 它主要采用电子管和继电器

　　C. 它是首次采用存储程序和程序控制使计算机自动工作

　　D. 它主要用于弹道计算

3. 科学家（　　）奠定了现代计算机的结构理论。

　　A. 诺贝尔　　　　　　B. 爱因斯坦　　　　　C. 冯·诺依曼　　　　　D. 居里

4. 下列一组数据中的最大数是（　　）。

　　A. 2270　　　　　　B. 1EFH　　　　　C. 101001B　　　　　D. 789D

5. 电气与电子工程师学会（IEEE）将计算机划分为（　　）类。

　　A. 3　　　　　　B. 4　　　　　C. 5　　　　　D. 6

6. 计算机中的指令和数据采用（　　）存储。

　　A. 十进制　　　　　B. 八进制　　　　　C. 二进制　　　　　D. 十六进制

7. 第二代计算机的内存储器为（　　）。

　　A. 水银延迟线或电子射线管　　　　　　　B. 磁芯存储器

　　C. 半导体存储器　　　　　　　　　　　　D. 高集成度的半导体存储器

8. 第三代计算机的运算速度为每秒（　　）。

　　A. 数千次至几万次　　　　　　　　　　　B. 几百万次至几亿次

　　C. 几十次至几百万次　　　　　　　　　　D. 百万次至几百万次

9. 第四代计算机不具有的特点是（　　）。

　　A. 编程使用面向对象程序设计语言

　　B. 发展计算机网络

　　C. 内存储器采用集成度越来越高的半导体存储器

　　D. 使用中小规模集成电路

10. 计算机将程序和数据同时存放在机器的（　　）中。

　　A. 控制器　　　　　B. 存储器　　　　　C. 输入/输出设备　　　　　D. 运算器

11. 第二代计算机采用（　　）作为其基本逻辑部件。

　　A. 磁芯　　　　　B. 微芯片　　　　　C. 半导体存储器　　　　　D. 晶体管

12. 64 位计算机中的 64 位指的是（　　）。

　　A. 机器字长　　　　　B. CPU 速度　　　　　C. 计算机品牌　　　　　D. 存储容量

13. 大规模和超大规模集成电路是第（　　）代计算机所主要使用的逻辑元器件。

　　A. 1　　　　　　B. 2　　　　　C. 3　　　　　D. 4

14. 我国的计算机研究始于（　　）。

　　A. 20 世纪 50 年代　　　　　　　　　　B. 21 世纪 50 年代

　　C. 18 世纪 50 年代　　　　　　　　　　D. 19 世纪 50 年代

15. 把高级语言编写的源程序转换为目标程序要经过（　　）。

　　A. 编辑　　　　　B. 编译　　　　　C. 解释　　　　　D. 汇编

16. 第一台电子计算机 ENIAC 加法运算速度为（　　）每秒。

　　A. 5000 次　　　　　B. 5 亿次　　　　　C. 50 万次　　　　　D. 5 万次

17. 在计算机内部，一切信息的存取、处理和传送的形式是（　　）。

　　A. ASCII 码　　　　　B. BCD 码　　　　　C. 二进制　　　　　D. 十六进制

18. 计算机存储程序的思想是（　　）提出的。

　　A. 图灵　　　　　B. 布尔　　　　　C. 冯·诺依曼　　　　　D. 帕斯卡

19. 计算机的众多特点中，最主要的特点是（　　）。

　　A. 计算速度快　　　　　　　　　　　　B. 存储程序与自动控制

C. 应用广泛　　　　　　　　　　　　　　　D. 计算精度高

20. 某单位自行开发的工资管理系统，按计算机应用的类型划分，它属于（　　　）。
　　A. 科学计算　　　　B. 辅助设计　　　　C. 数据处理　　　　D. 实时控制

21. 下面属于系统软件的是（　　　）。
　　A. 网络操作系统　　　　　　　　　　　　B. 电子表格处理软件
　　C. 管理信息系统软件　　　　　　　　　　D. 办公软件

22. 下列 4 条叙述中，错误的一条是（　　　）。
　　A. 以科学技术领域中的问题为主的数值计算称为科学计算
　　B. 计算机应用可分为数值应用和非数值应用两类
　　C. 计算机各部件之间有两股信息流，即数据流和控制流
　　D. 对信息（即各种形式的数据）进行收集、储存、加工与传输等一系列活动的总称为实时控制

23. 金卡工程是我国正在建设的一项重大计算机应用工程项目，它属于下列哪一类应用？（　　　）
　　A. 科学计算　　　　B. 数据处理　　　　C. 实时控制　　　　D. 计算机辅助设计

24. CAI 的中文含义是（　　　）。
　　A. 计算机辅助设计　　　　　　　　　　　B. 计算机辅助制造
　　C. 计算机辅助工程　　　　　　　　　　　D. 计算机辅助教学

25. 下面属于数字编码的是（　　　）。
　　A. BCD 码　　　　B. ASCII 码　　　　C. Unicode 码　　　　D. 汉字编码

26. 当前计算机正朝两极方向发展，即（　　　）。
　　A. 专用机和通用机　　　　　　　　　　　B. 微型机和巨型机
　　C. 模拟机和数字机　　　　　　　　　　　D. 个人机和工作站

27. 未来计算机发展的总趋势是（　　　）。
　　A. 微型化　　　　B. 巨型化　　　　C. 智能化　　　　D. 数字化

28. 微型计算机的基本构成有两个特点：一是采用微处理器，二是采用（　　　）。
　　A. 键盘和鼠标器作为输入设备　　　　　　B. 显示器和打印机作为输出设备
　　C. ROM 和 RAM 作为主存储器　　　　　　D. 总线系统

29. 执行逻辑"与"运算 10101110∧10110001，其运算结果是（　　　）。
　　A. 01011111　　　　B. 10100000　　　　C. 00011111　　　　D. 01000000

30. 执行逻辑"或"运算 01010100∨10010011，其运算结果是（　　　）。
　　A. 00010000　　　　B. 11010111　　　　C. 11100111　　　　D. 11000111

31. 冯·诺依曼提出的计算机体系结构中硬件由（　　　）部分组成。
　　A. 2　　　　B. 5　　　　C. 3　　　　D. 4

32. 信息处理包括（　　　）。
　　A. 数据采集　　　　B. 数据传输　　　　C. 数据检索　　　　D. 上述 3 项内容

33. 第三代计算机采用（　　　）作为主存储器。
　　A. 磁芯　　　　B. 微芯片　　　　C. 半导体存储器　　　　D. 晶体管

34. 服务器（　　　）。
　　A. 不是计算机　　　　　　　　　　　　　B. 是为个人服务的计算机

C. 是为多用户服务的计算机　　　　　　　　D. 是便携式计算机的别名

35. 将二进制数 01000111 转换为十进制数是（　　）。

    A. 57　　　　　　　　B. 69　　　　　　　　C. 71　　　　　　　　D. 67

36. 一个完整的计算机系统由（　　）组成。

    A. 系统软件和应用软件　　　　　　　　　　B. 计算机硬件系统和软件系统

    C. 主机、键盘、显示器　　　　　　　　　　D. 主机及其外部设备

37. 计算机被分为大型机、中型机、小型机、微型机等类型，是根据计算机的（　　）来划分的。

    A. 运算速度　　　　B. 体积大小　　　　C. 重量　　　　D. 耗电量

38. 下列说法正确的是（　　）。

    A. 第三代计算机采用电子管作为逻辑开关元件

    B. 1958～1964 年期间生产的计算机被称为第二代产品

    C. 现在的计算机采用晶体管作为逻辑开关元件

    D. 计算机将取代人脑

39. I/O 设备的含义是（　　）。

    A. 输入/输出设备　　B. 通信设备　　　　C. 网络设备　　　　D. 控制设备

40. 世界上第一台计算机产生于（　　）。

    A. 宾夕法尼亚大学　　　　　　　　　　　　B. 麻省理工学院

    C. 哈佛大学　　　　　　　　　　　　　　　D. 加州大学洛杉矶分校

41. 执行八进制算术运算 15×12，其运算结果是（　　）。

    A. 17A　　　　　　　B. 252　　　　　　　C. 180　　　　　　　D. 202

42. 下列设备可以将照片输入到计算机上的是（　　）。

    A. 键盘　　　　　　　B. 数字化仪　　　　C. 绘图仪　　　　　D. 扫描仪

43. 微型计算机属于（　　）计算机。

    A. 第一代　　　　　　B. 第二代　　　　　C. 第三代　　　　　D. 第四代

44. 在计算机的发展过程中，电子管计算机属于（　　）计算机。

    A. 第一代　　　　　　B. 第二代　　　　　C. 第三代　　　　　D. 第四代

45. 计算机中的数据可分为两种类型：数字和字符，它们最终都转化为二进制才能继续存储和处理。对于人们习惯使用的十进制，通常用（　　）进行转换。

    A. ASCII 码　　　　　B. 扩展 ASCII 码　　C. 扩展 BCD 码　　　D. BCD 码

46. 数制是（　　）。

    A. 数据　　　　　　　B. 表示数目的方法　C. 数值　　　　　　D. 信息

47. 冯·诺依曼计算机工作原理的核心是（　　）和"程序控制"。

    A. 顺序存储　　　　　B. 存储程序　　　　C. 集中存储　　　　D. 运算存储分离

48. 我国研制的第一台计算机用（　　）命名。

    A. 联想　　　　　　　B. 奔腾　　　　　　C. 银河　　　　　　D. 方正

49. 计算机中的数据是指（　　）。

    A. 数学中的实数　　　　　　　　　　　　　B. 数学中的整数

    C. 字符　　　　　　　　　　　　　　　　　D. 一组可以记录、可以识别的记号或符号

50. 计算机应用最广泛的应用领域是（　　　）。
    A. 数值计算　　　　B. 数据处理　　　　C. 程控　　　　D. 人工智能

51. 使用无汉字库的打印机打印汉字时，计算机输出的汉字编码必须是（　　　）。
    A. ASCII 码　　　　B. 汉字交换码　　　C. 汉字点阵信息　　D. 汉字内码

52. 下面属于字符编码的是（　　　）。
    A. BCD 码　　　　B. ASCII 码　　　　C. 汉字输入码　　　D. 汉字交换码

53. 计算机执行程序时，在（　　　）的控制下，逐条从内存中取出指令、分析指令、执行指令。
    A. 运算器　　　　B. 控制器　　　　C. 存储器　　　　D. I/O 设备

54. 下面属于计算机特点的是（　　　）。
    A. 现代化教育　　　B. 高度自动化又支持人机交互
    C. 信息管理　　　　D. 科学计算

55. 微处理器把运算器和（　　　）集成在一块很小的硅片上，是一个独立的部件。
    A. 控制器　　　　B. 内存储器　　　　C. 输入设备　　　D. 输出设备

56. 内层软件向外层软件提供服务，外层软件在内层软件支持下才能运行，表现了软件系统（　　　）。
    A. 层次关系　　　　B. 模块性　　　　C. 基础性　　　　D. 通用性

57. 用于插入/改写编辑方式切换的键是（　　　）。
    A. Ctrl　　　　　B. Shift　　　　　C. Alt　　　　　D. Insert

58. 在计算机中 1byte 无符号整数的取值范围是（　　　）。
    A. 0～256　　　　B. 0～255　　　　C. −128～128　　　D. −127～127

59. 银行的储蓄程序属于（　　　）。
    A. 表格处理软件　　B. 系统软件　　　　C. 应用软件　　　D. 文字处理软件

60. 十进制的整数化为二进制整数的方法是（　　　）。
    A. 乘 2 取整法　　　B. 除 2 取整法　　　C. 乘 2 取余法　　　D. 除 2 取余法

61. 关于计算机语言的描述，正确的是（　　　）。
    A. 高级语言程序可以直接运行　　　　B. 汇编语言比机器语言执行速度快
    C. 机器语言的语句全部由 0 和 1 组成　D. 计算机语言越高级越难以阅读和修改

62. 计算机硬件包括运算器、控制器、（　　　）、输入设备和输出设备。
    A. 存储器　　　　B. 显示器　　　　C. 驱动器　　　　D. 硬盘

63. 目前使用最广泛的软件工程方法是（　　　）。
    A. 传统方法和面向对象方法　　　　B. 面向过程方法
    C. 结构化程序设计方法　　　　　　D. 面向对象方法

64. 按照光驱在计算机上的安装方式，光驱一般可分为（　　　）。
    A. 内置式和外置式　　　　　　　　B. 只读和可擦写光驱
    C. CD 和 DVD 光驱　　　　　　　　D. 3.5 英寸和 5.25 英寸光驱

65. 在微型计算机系统组成中，我们把微处理器 CPU、只读存储器 ROM 和随机存储器 RAM 三部分统称为（　　　）。
    A. 硬件系统　　　　B. 硬件核心模块　　C. 微机系统　　　D. 主机

66. 下面属于巨型计算机的是（　　　）。
    A. iPad　　　　　B. iPhone　　　　　C. 联想微型机　　　D. 天河 2 号计算机

67. 将十进制数 100 转换成二进制数是（　　）。

    A. 1100100　　　　　B. 1100011　　　　　C. 00000100　　　　　D. 10000000

68. 1983 年，我国第一台亿次巨型电子计算机诞生了，它的名称是（　　）。

    A. 东方红　　　　　B. 神威　　　　　C. 曙光　　　　　D. 银河

69. 将十进制数 100 转换成十六进制数是（　　）。

    A. 64　　　　　B. 63　　　　　C. 100　　　　　D. 0AD

70. 一个字节的二进制位数为（　　）。

    A. 2　　　　　B. 4　　　　　C. 8　　　　　D. 16

71. 计算机中的逻辑运算一般用（　　）表示逻辑真。

    A. yes　　　　　B. 1　　　　　C. 0　　　　　D. n

72. 计算机启动时所要执行的基本指令信息存放在（　　）中。

    A. CPU　　　　　B. 内在　　　　　C. BIOS　　　　　D. 硬盘

73. 屏幕上每个像素都用一个或多个二进制位描述其颜色信息，256 种灰度等级的图像每个像素用（　　）个二进制位描述其颜色信息。

    A. 1　　　　　B. 4　　　　　C. 8　　　　　D. 24

74. 下列描述中正确的是（　　）。

    A. 把十进制数 321 转换成二进制数是 101100001

    B. 把 100H 表示成二进制数是 101000000

    C. 把 400H 表示成二进制数是 1000000001

    D. 把 1234H 表示成十进制数是 4660

75. 如果一个存储单元能存放一个字节，那么一个 32 KB 的存储器共有（　　）个存储单元。

    A. 32000　　　　　B. 32768　　　　　C. 32767　　　　　D. 65536

76. 1 GB 等于（　　）。

    A. 1024B　　　　　B. 1024KB　　　　　C. 1024MB　　　　　D. 1024bit

77. 下面属于操作系统基本功能模块的是（　　）。

    A. 系统管理　　　　　B. 软件管理　　　　　C. 硬件管理　　　　　D. 设备管理

78. 计算机应用经历了 3 个主要阶段，这 3 个阶段是超、大、中、小型计算机阶段，微型计算机阶段和（　　）。

    A. 智能计算机阶段　B. 掌上电脑阶段　　　　C. 因特网阶段　　　　　D. 计算机网络阶段

79. 八进制数-57 的二进制反码是（　　）。

    A. 11010000　　　　　B. 01000011　　　　　C. 11000010　　　　　D. 11000011

80. 光盘按其读写功能可分为（　　）。

    A. 只读光盘/可擦写光盘

    C. 3.5/5/8 寸

    B. CD/DVD/VCD

    D. 塑料/铝合金

81. 微型计算机的系统总线是 CPU 与其他部件之间传送（　　）信息的公共通道。

    A. 输入、输出、运算

    C. 程序、数据、运算

    B. 输入、输出、控制

    D. 数据、地址、控制

82. 对于嵌入式计算机正确的说法是（　　）。

    A. 用户可以随意修改其程序

    C. 嵌入式计算机属于通用计算机

    B. 冰箱中的微电脑是嵌入式计算机的应用

    D. 嵌入式计算机只能用于控制设备中

83. 下列字符中，ASCII 码值最小的是（　　　）。

    A. R　　　　　　　　B. ；　　　　　　　　C. a　　　　　　　　D. 空格

84. 下列（　　　）具备软件的特征。

    A. 软件生产主要是体力劳动　　　　　　　　B. 软件产品有生命周期

    C. 软件是一种物资产品　　　　　　　　　　D. 软件成本比硬件成本低

85. 系统软件中最重要的是（　　　）。

    A. 解释程序　　　　B. 操作系统　　　　C. 数据库管理系统　　D. 工具软件

86. 十进制小数 0.625 转换成十六进制小数是（　　　）。

    A. 0.01　　　　B. 0.1　　　　C. 0.A　　　　D. 0.001

87. 我国的国家标准 GB 2312 用（　　　）位二进制数来表示一个字符。

    A. 8　　　　B. 16　　　　C. 4　　　　D. 7

88. 任何进位计数制都有的两要素是（　　　）。

    A. 整数和小数　　　　　　　　　　B. 定点数和浮点数

    C. 数码的个数和进位基数　　　　　D. 阶码和尾码

二、多项选择题

1. 下列说法正确的是（　　　）。

    A. 二进制数只由两位数组成

    B. 十进制转化为其他进制时，其整数部分和小数部分在转换时需作不同的计算

    C. 二进制转化为十六进制时，当分组不足 4 位，分别向高位或低位补 0 凑成 4 位

    D. 八进制转化为十六进制时，可以通过二进制数作为中间桥梁，先转化为二进制数，再转化为十六进制

    E. 二进制转化为八进制时，当分组不足 3 位，分别向高位或低位补 0 凑成 3 位

2. 机器数 11110111 转化成真值为（　　　）。

    A. 247　　　　B. +247　　　　C. −247　　　　D. −1110111

    E. +1110111

3. 下列设备中，属于输入设备的是（　　　）。

    A. 数码摄像机　　B. 扫描仪　　　　C. 打印机　　　　D. 数码相机

    E. 条形码阅读器

4. 关于八进制的说法正确的是（　　　）。

    A. 借一当八　　　　　　　　　　B. 八进制数各位的位权是以 8 为底的幂

    C. 逢十进一　　　　　　　　　　D. 八进制的基数是 8

    E. 它由 0，1，2，…，8 这 9 个数码组成

5. 下列计算机术语中，显示系统的主要性能指标有（　　　）。

    A. 颜色质量　　　B. 打印效果　　　C. 显示分辨率　　　D. 内存容量

    E. 刷新速度

6. 文化严格意义上应具有的基本属性是（　　　）。

    A. 广泛性　　　　B. 统一性　　　　C. 教育性　　　　D. 深刻性

    E. 传递性

7. 下列说法中，正确的是（　　　）。

    A. 计算机内部的数据不一定都是以二进制形式表示和存储的

    B. 计算机处理的对象可以分为数值数据和非数值数据

    C. 一个字通常由一个字节或若干个字节组成

    D. 常见的微处理器字长有 8 位、16 位、30 位和 64 位等

    E. 计算机的运算部件能同时处理的二进制数据的位数称为字长

8. 目前大部分的计算机实现了资源的共享，这里的共享是指（   ）等。

    A. 存储资源　　　B. 计算资源　　　C. 信息资源　　　D. 专家资源　　　E. 数据资源

9. 根据计算机的规模划分，可以将计算机分为（   ）等几类。

    A. 工作站　　　B. 小型机　　　C. 微型机　　　D. 巨型机　　　E. 大型机

10. 文化是一种复合的整体，包括（   ）。

    A. 知识　　　B. 艺术　　　C. 信仰　　　D. 道德　　　E. 法律

11. 关于微型计算机，以下说法正确的是（   ）。

    A. 主板是组成微型计算机的重要部件

    B. 总线标准对微机性能有一定的影响

    C. 微型计算机的 CPU 都是由 Intel 公司生产的

    D. 微型计算机和一般计算机硬件系统一样，包括五大组成部分，不过，它更为集中和紧凑

    E. 性能价格比也是一项综合性的评价计算机性能的指标

12. 我国计算机制造业非常发达，主要的自主品牌有（   ）。

    A. 清华同方　　　B. 联想　　　C. 惠普　　　D. 浪潮　　　E. 方正

13. 概念设计可采用（   ）的方法。

    A. 向内集中　　　B. 自顶而下　　　C. 自右而左　　　D. 自底而上　　　E. 自左而右

14. 虚拟现实系统应用在（   ）等方面。

    A. 交互式娱乐　　　B. 远程教育　　　C. 远程医疗　　　D. 电子商务　　　E. 工程技术

15. 衡量计算机的规模所采用的技术指标有（   ）。

    A. 输入和输出能力　　　　　　B. 运算速度　　　　　　C. 字长

    D. 存储容量　　　　　　　　　E. 价格高低

16. 下列有关数制的说法正确的是（   ）。

    A. 我们平时用的计时方式是六十进制

    B. 八进制采用的基本数码是 1，2，3，…，7，8

    C. 在计算机内都是用十进制数码表示各种数据的

    D. 十六进制的基数为 16

    E. 二进制数各位的位权是以 2 为底的幂

17. 对磁盘的管理主要包括（   ）。

    A. 磁盘的碎片整理

    B. 磁盘的格式化

    C. 磁盘硬件管理和磁盘的共享设置

    D. 磁盘的清理

    E. 磁盘的检查和备份

18. 目前，我国自主开发了（   ）等系列高性能计算机。

    A. 曙光　　　B. 神威　　　C. 深腾　　　D. 银河　　　E. 兼容机

19. 所谓计算机文化，就是以计算机为核心，集（　　　）为一体的文化。
    A. 大众文化　　　　　B. 网络文化　　　　　C. 多媒体文化　　　　　D. 艺术文化
    E. 信息文化

20. 下列属于微机的主要性能指标的是（　　　）。
    A. 内核　　　　　　　B. 字长　　　　　　　C. 字节　　　　　　　　D. 主频
    E. 内存容量

21. 下面（　　　）是数制中的名词术语。
    A. 地址　　　　　　　B. 基数　　　　　　　C. 位权　　　　　　　　D. 数码
    E. ASCII 码

22. 标志人类文化发展的里程碑有（　　　）。
    A. 语言的产生　　　　B. 印刷术的发明　　　C. 计算机的发明　　　　D. 文字的使用
    E. 网络的应用

23. 我们生活在一个以计算机网络为核心的信息时代，其特征是（　　　）。
    A. 数字化　　　　　　B. 自动化　　　　　　C. 广泛化　　　　　　　D. 网络化
    E. 信息化

24. 微型计算机系统中，以下关于主板说法正确的是（　　　）。
    A. 是一块带有各种插口的大型印制电路板
    B. 主板将主机的 CPU 芯片、存储器芯片、控制芯片、ROM BIOS 芯片等各个部分有机
       地组合起来
    C. 有时又称为母板或系统板
    D. 通过主板 CPU 可以控制硬盘、键盘、鼠标等各种设备
    E. 主板是微型计算机系统中最大的一块电路板

25. 二进制由两个基本数码组成，分别是（　　　）。
    A. 3　　　　　　　　　B. 2　　　　　　　　C. 4　　　　　　　　　D. 1
    E. 0

26. 常用的鼠标操作主要有（　　　）。
    A. 拖动　　　　　　　B. 左击或右键单击　　C. 双击　　　　　　　　D. 移动
    E. 释放

27. 在信息化社会中，以信息的（　　　）为主要经济形式的信息经济在国民经济中占据主导
地位。
    A. 加工　　　　　　　B. 收集　　　　　　　C. 删除　　　　　　　　D. 传播
    E. 转变

28. 微机中的总线一般分为（　　　）等。
    A. 控制总线　　　　　B. 神经总线　　　　　C. 信息总线　　　　　　D. 地址总线
    E. 数据总线

29. 在有关计算机系统软件的描述中，下面正确的有（　　　）。
    A. 语言处理程序不属于计算机系统软件
    B. 计算机系统中非系统软件一般是通过系统软件发挥作用的
    C. 操作系统属于系统软件
    D. 数据库管理系统不属于系统软件

E. 计算机软件系统中最靠近硬件层的是系统软件

30. 对于十进制数 456，下面各种表示方法中，正确的是（　　）。

  A. 456D   B. 456   C. 4560   D. 456H

  E. 456B

31. 计算机的算法具有以下性质（　　）。

  A. 输入/输出 B. 确定性   C. 有穷性   D. 可行性

  E. 有用性

32. 关于我国制定的国家标准《信息交换用汉字编码字符集基本集》（国家标准代号 GB 2312—80）的叙述中，不正确的是（　　）。

  A. GB 2312—80 中的汉字不到 6000 个

  B. GB 2312—80 中的汉字不到 5000 个

  C. GB 2312—80 中的汉字不到 3000 个

  D. GB 2312—80 中的汉字不到 7000 个

  E. GB 2312—80 中的汉字不到 4000 个

33. 在 16×16 点阵的汉字字库中，存储一个汉字的字模信息需要的字节数哪些是不正确的（　　）。

  A. 128   B. 16   C. 32   D. 256

  E. 64

34. 关于计算机语言，下面叙述正确的是（　　）。

  A. 汇编语言可以被计算机直接识别并执行

  B. 一般来讲，某种机器语言只适用于某种特定类型的计算机

  C. 机器语言编制的程序都是用二进制编码组成的

  D. 机器语言属于硬件而高级语言属于软件

  E. 高级语言最终要被翻译为机器语言后才能被计算机直接识别并执行

35. 控制器由（　　）、时序电路和控制电路组成的。

  A. 控制门   B. 指令计数器 C. 指令寄存器 D. 运算单元

  E. 指令译码器

36. 打印机可分为几种类型（　　）。

  A. 喷墨式   B. 扫描式   C. 光学式   D. 激光式

  E. 点阵式

37. 计算机的发展趋势是（　　）。

  A. 多媒体化 B. 智能化   C. 巨型化   D. 微型化

  E. 网络化

38. 根据计算机的用途划分，可将计算机分为（　　）。

  A. 专用计算机 B. 模拟计算机 C. 混合计算机 D. 数字计算机

  E. 通用计算机

39. 软件是指使计算机运行所需的（　　）。

  A. 有关的文档 B. 地址   C. 数据   D. 程序

  E. 对象

40. 从应用的角度来看，信息技术经历了（　　　）阶段。
    A. 数值处理　　　　B. 智能处理　　　　C. 知识处理　　　　D. 数据处理
    E. 网络处理

41. 未来新一代计算机的代表有（　　　）。
    A. 生物计算机　　B. 光计算机　　　　C. 集体管计算机　　D. 奔腾四计算机
    E. 量子计算机

42. 高级语言编写的程序是由一系列的（　　　）组成的。
    A. 函数　　　　　　B. 二进制代码　　　C. 八进制代码　　　D. 语句
    E. 十进制代码

43. 显示适配器的主要指标包括（　　　）。
    A. 支持的分辨率　　B. 显示芯片类型　　C. 刷新速率　　　　D. 产生的色彩多少
    E. 显存大小

44. 下列说法中正确的是（　　　）。
    A. 存储器容量的大小以字来度量
    B. 浮点数与定点数相比，浮点数的表示范围要大得多
    C. 计算机中小数点位置固定的数称为定点数
    D. 计算机内部大多用反码表示数值，运算结果用补码表示，以达到简化运算的目的
    E. 1 和 1 作异或运算，结果为 1

三、判断题

1. 计算机指令和数据都是采用二进制形式编码的。（　　　）
2. 计算机系统的可靠性指的是平均无故障工作时间 MTBF。（　　　）
3. CAM 广泛应用于制造业，成为计算机控制的无人生产线和无人工厂的基础。（　　　）
4. 二进制数是由 0、1 这 2 个数码组成的。（　　　）
5. 程序=算法+数据结构。（　　　）
6. 外存上的信息可直接进入 CPU 处理。（　　　）
7. 存储器的存入和取出的速度对计算机系统的性能没有什么影响。（　　　）
8. 二进制中，当进行逻辑或运算时，只有当两个逻辑值都为 0 时，结果才为 1。（　　　）
9. 随机访问存储器 RAM，断电后信息仍能长期保存。（　　　）
10. 博弈属于计算机在人工智能方面的应用。（　　　）
11. 在计算机中，一般用一个字节来表示一个汉字。（　　　）
12. 记录汉字字形通常有点阵法和矢量法两种方法。（　　　）
13. 微型计算机中，显示器和数码相机都是输出设备。（　　　）
14. 早期的 DOS 操作系统是单用户多任务操作系统。（　　　）
15. 位权是指数码在不同位置上的权值。（　　　）
16. 位图可以用画图程序获得。（　　　）
17. 在二进制逻辑运算规则中，1∧0=0。（　　　）
18. 液晶显示器已经成为目前显示器的主流配置。（　　　）
19. 计算机辅助系统指用计算机及时采集检测数据，按最佳值迅速地对控制对象进行自动控

制或自动调节。（　　　）

20. 在同样大小的显示器屏幕上，显示分辨率越高，像素的密度越大，显示的图像越精细，但是屏幕上的文字越小。（　　　）

21. 19 世纪英国数学家巴贝奇被称为"计算机之父"。（　　　）

22. 关系运算的操作对象是关系，运算的结果仍为关系。（　　　）

23. 汉字字形码是用来将汉字显示到屏幕上或打印到纸上所需的图形数据。（　　　）

24. 一台计算机有许多指令。（　　　）

25. 信息是在自然界、人类社会和人类思维活动中，普遍存在的一切物质和事物的属性。（　　　）

26. 在二进制逻辑运算规则中，0 ∨ 1=0。（　　　）

27. 一片 DVD 的存储容量可以高达 17 GB，相当于 25 片 CD-ROM（650 MB）的容量。（　　　）

28. 系统软件是最靠近硬件的软件。（　　　）

29. 计算机文化的概念随着计算机的诞生而诞生。（　　　）

30. 一般来说，位图所占的存储空间要比矢量图形所占的存储空间小。（　　　）

31. 只读存储器 ROM 中的信息，断电后所存的信息就会丢失。（　　　）

32. 目前市场上的 DVD 播放机，是采用 MPEG-2 的标准制造的高清晰视频图像播放器。（　　　）

33. 世界上第一台电子计算机的主要逻辑元件是电子管。（　　　）

34. 主板中最重要的部件之一是芯片组，它是主板的灵魂，决定了主板所能支持的功能。（　　　）

35. 二进制转换成八进制数的方法：将二进制数从小数点开始，向左向右每三位分组，不足三位的分别向高位或低位补 0 凑成三位，然后将三位二进制数转换成一位八进制数。（　　　）

36. 在计算机发展的过程中，人们先后发明的计算机依次是微型机、小型机、大型机、巨型机。（　　　）

37. 文化并不是人类社会的特有现象。（　　　）

38. 自然码、五笔字型、大众码都属于形码。（　　　）

39. 主板是微型计算机中最大的一块电路板。（　　　）

40. 信息的符号化就是数据。（　　　）

41. 机器人属于计算机人工智能研究范畴。（　　　）

42. 显示器性能的优劣取决于该显示器配置的显示卡的主要性能指标。（　　　）

43. 剪贴板中将只存放最后一次"复制"的内容。（　　　）

44. 计算机的显示系统指的就是显示器。（　　　）

45. 所谓计算机文化，就是以计算机为核心，集网络文化、信息文化、多媒体文化于一体，并对社会生活和人类行为产生广泛影响的新型文化。（　　　）

46. 一般来讲，计算机的精确性是指只在那些人工介入的地方才有可能发生错误。（　　　）

47. 汇编程序就是用汇编语言编写的程序。（　　　）

48. 光盘是只能读不能写的。（　　　）

49. 根据获得的方式不同，信息有低级和高级之分。（　　　）

50. CAM 是指计算机辅助管理。（　　　）

1.3　实验操作

1.3.1　实验一

一、实验目的

熟悉机房环境、了解微型计算机的硬件构成及其作用；掌握正确的开、关机步骤，正确启动 Windows 7。

二、实验要求

（1）掌握实验所用计算机的硬件构成和基本配置。

（2）了解实验用计算机的品牌、CPU 型号及主频、内存及硬盘容量大小、显示器类型等。

（3）正常模式启动 Windows 7 及安全模式启动 Windows 7。

（4）与关机相关的操作。

三、实验过程

1.　认识计算机的主机及外围设备

（1）计算机的主机构成。

主机箱中主要装有主板、电源、硬盘、光驱及一些相关的板、卡等配件。主机箱后面板上的插孔和接口用来连接计算机的外围设备，如显示器、键盘、鼠标和打印机等。我们可以通过主机箱前面板上的电源开关打开与关闭计算机，通过相关指示灯了解计算机的工作状况。

（2）认识计算机的常用外围设备。

计算机的常用外围设备主要包括显示器、键盘、鼠标等，这些外围设备与主机相连构成计算机的硬件系统。

2.　启动计算机

（1）正常模式启动计算机。

- 打开主机电源开关，系统对键盘、内存、硬盘等硬件设备进行自检，自检正常后进入 Windows 7 的桌面。

- 如果操作系统设置了多个用户，启动过程中会出现要求输入用户名和密码的对话框，此时输入正确的用户名和密码，也将进入 Windows 7 的桌面。

（2）安全模式启动计算机。

- 在计算机进行自检时，按住功能键 F8 将进入启动模式选择菜单。

- 利用光标移动到"安全模式"后，按 Enter 键，系统将进入安全模式。

3.　与关机相关的操作

单击 Windows 7 桌面左下角的"开始"按钮，指向"关机"按钮右侧的箭头，可分别选择"切换用户""注销""锁定""重新启动"和"睡眠"等操作。

4.　查看计算机的配置

（1）查看设备外壳上的标示，会有微机的品牌等信息，如联想微机的标示为"Lenovo"。

（2）右键单击桌面上的"计算机"图标→"属性"，可以看到 CPU 型号、主频和内存容量大小等，如图 1-1 所示。

图 1-1 "计算机属性"窗口

（3）右键单击"计算机"→"属性"→"设备管理器"，可以查看硬件设备及运行状况，如图 1-2 所示。

（4）右键单击"计算机"→"管理"→"磁盘管理"，就可以看到硬盘大小和分区情况，如图 1-3 所示。

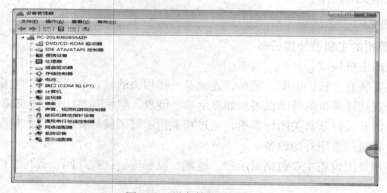

图 1-2 "设备管理器"窗口

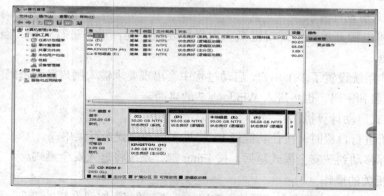

图 1-3 "计算机管理"窗口

1.3.2 实验二

一、实验目的

熟悉键盘上按键的分区、主要功能键的作用和鼠标的使用方法。

二、实验要求

熟悉键盘按键分区，掌握功能键、鼠标的使用方法。

三、实验过程

1. 熟悉键盘

目前，键盘主要有 101 键、102 键、104 键等几种规格。常用的 Windows 键盘，所有按键分为主键区、功能键区、编辑控制键区和数字小键盘区 4 个区，如图 1-4 所示。

图 1-4　键盘

（1）主键区。

主键区是整个键盘的主要部分，主要用于输入文字与各种命令参数，包括字符键和控制键两类。字符键主要有英文字母键、数字键和标点符号键 3 类；控制键主要用于辅助执行某些特定操作。下面分别介绍如下。

制表键（Tab 键）：该键用于使光标向右移动一个制表位的距离（默认为 8 个字符）。用户在手工制作表格或执行对齐操作时经常用。

大写锁定键（Caps Lock 键）：主要用于控制大小写字母的输入。按下该键后，按各种字母键将输入大写英文字母。

上档键（Shift 键）：也称换档键，用于与其他字符、字母键组合，输入键面上有两种输入字符状态的第二种字符。

组合控制键（Ctrl 键和 Alt 键）：这两个键单独使用是不起作用的，需要配合其他键使用才有意义。

退格键（Backspace 键）：按该键，光标向左回退一格，并删除原位置上的对象。

回车键（Enter 键）：主要用于结束当前的输入行或命令行，或接受当前的状态。

Win 键：标有 Windows 图标的键，任何时候按下该键都将弹出"开始"菜单。

空格键（Space 键）：按一下该键输入一个空格，同时光标右移一个字符。

（2）功能键区。

功能键位于键盘的上方，主要用于完成一些特殊的任务和工作，其具体功能如下。

F1 至 F12 键：这些功能键在不同的应用软件和程序中有各自不同的定义。大多数应用软件中，按下 F1 键都可以打开帮助窗口。

Esc 键：取消键，用于放弃当前的操作或退出当前程序。

（3）编辑控制键区。

编辑控制键区包括特定功能键区和方向键区。

（4）特定功能键区。

特定功能键区中几个按键的作用如下：

Print Screen 键：屏幕复制键，将屏幕的内容输出到剪贴板或打印机。

Scroll Lock 键：滚动锁定键，按下该键后，键盘右上角的此键指示灯亮，再按一次该键，指示灯熄灭。

Pause/Break 键：使正在滚动的屏幕显示停下来，或中止某一程序的运行。

Insert 键：插入键，按一下该键进入"插入"状态，再按一下进入"改写"状态，多用于文本编辑操作。

Home 键：首键，使光标直接移动到行首。

End 键：尾键，使光标直接移动到行尾。

Page Up 键：上翻页键，显示屏幕前一页的信息。

Page Down 键：下翻页键，显示屏幕后一页的信息。

Delete 键：删除键，删除光标所在的位置的字符，并使光标后的字符向前移。

（5）方向键区。

方向键主要用于移动光标。

（6）数字小键盘区。

主要用于数据的录入和处理。在输入大量数字时，使用键盘左边的数字键输入速度比较慢，因此，设计了右边的小键盘区的数字键小键盘区。

Num Lock 键：数字控制键，按下该键，数字指示灯亮，小键盘区输入字符视为数字，数字指示灯灭时，小键盘输入作为光标键。

（7）键盘指示灯。

在键盘的右上方有 3 个指示灯，分别是数字灯 Num Lock、大写锁定指示灯 Caps lock 和滚动锁指示灯 Scroll Lock。现在 Scroll 键一般不用。

2. 鼠标的使用

现代计算机的操作都离不开鼠标，鼠标的操作形成屏幕上指针的移动、选项被选中或者其他操作效果。

握鼠标的正确方法：食指和中指分别自然的放在鼠标的左键和右键上，拇指横向放在鼠标左侧，手掌心轻轻贴住鼠标后部，手腕自然垂放在桌面上。

使用鼠标有单击和双击的区别。单击又分为左击和右键单击，左击是选中一个对象，而右键单击一般是弹出一个快捷菜单。双击是打开一个对象。

1.3.3　实验三

一、实验目的

学习键盘操作规范，包括正确的操作姿势和规范化的指法。

二、实验要求

打开练字软件，使用正确的指法输入。

三、实验过程

1. 正确的坐姿

正确的坐姿有利于提高录入速度，一旦开始时没养成好的习惯，以后想纠正就困难了。

（1）坐时腰背挺直，下肢自然地平放在地上，身体微向前倾，人体与键盘距离约为 20 cm。

（2）手臂、肘、腕的姿势应是：两肩放松，两臂自然下垂，肘与腰部距离 5～10 cm。坐椅高度以手臂与键盘桌面平行为宜，以便于手指灵活操作。

（3）手掌与手指成弓形，手指略弯曲，轻放在基准键上，指尖触键。左右手大拇指轻放在空格键上，大拇指外侧触键。

2. 规范化的指法

（1）基准键。

基准键 8 个，左边 4 个键是 A、S、D、F，右边 4 个键是 J、K、L、；。操作时，左手小拇指放在 A 键上，依次向右，食指放在 F 键上；右手小拇指放在 ；键上，依次向左，食指放在 J 键上。

（2）键位分配。

提高输入速度的途径和目标是实现盲打（击键时眼睛不看键盘只看稿纸），为此每一个手指所击打的键位是固定的。左手小拇指管辖 Z、A、Q、1 四键，无名指管辖 X、S、W、2 四键，中指管辖 C、D、E、3 四键，食指管辖 V、F、R、4 四键，右手四个手指的管辖范围依次类推，两手的拇指负责空格键，B、G、T、5 四键和 N、H、Y、6 四键也分别由左、右手的食指管辖。

（3）指法。

操作时，两手各手指自然弯曲，悬腕放在各自的基准键位上，眼睛看稿纸或显示器屏幕。输入时手略抬起，只有需击键的手指可伸出击键，击键后手形恢复原状。

3. 启动练字软件，使用正确的指法输入

打开金山打字通、运指如飞等软件练习键盘输入。

1.3.4　实验四

一、实验目的

了解常见中文输入法的种类；掌握几种常见的汉字输入法。

二、实验要求

使用搜狗拼音输入法、五笔字形输入法等输入汉字。

三、实验过程

1. 打开相应输入法

单击任务栏右侧的"输入法指示器"按钮，在菜单中选择搜狗拼音输入法。或者使用 Ctrl+Shift 键切换输入法，直到出现搜狗拼音输入法。如图 1-5 所示。

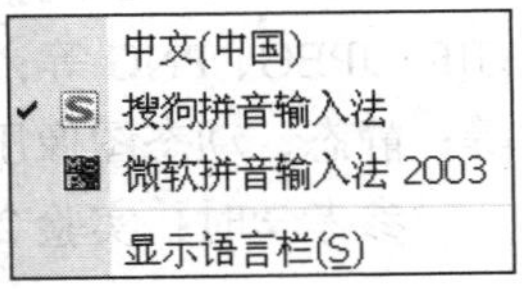

在搜狗输入法状态条中，可以通过 Shift 快速切换中英文状态。半角和全角状态使用 Shift+Space 组合键进行切换。

图 1-5　输入法菜单

2. 键入拼音

连续键入拼音，拼音下面是候选窗口，根据实际情况可用空格或者数字来选择。对一些常用词，可只用它们的声母来输入。如："dj"，则输入"大家"。

3. 修改转换结果

搜狗拼音输入法的大多数自动转换都是正确的，对于那些错误转换，可以在输入过程中进行更正，挑选出正确的选择，也可以在输入整句话后进行修改。

第2章
多媒体技术基础

2.1　教学要求及大纲

在计算机领域，多媒体一般是指多种表达信息的形式，如声音、图像、图形、视频、文字等。信息形式的多样化及其应用的需求，决定了多媒体技术具有多样性、集成性、交互性和实时性的特点。

多媒体计算机是能够输入、输出并综合处理文字、声音、图形图像和动画等多种媒体信息的计算机。

多媒体技术是利用计算机综合处理声音、文字、图像等信息的综合技术。多媒体技术的研究涉及多个方面，如计算机体系结构、数值处理技术、编辑技术、声音信号处理、图形学及图像处理、动态技术、人工智能、计算机网络和通信技术等。

多媒体技术在教育、出版、商业、娱乐、医疗、旅游、人工智能等各领域都有应用。

本章重点掌握以下内容：

1. 了解多媒体计算机硬件系统的组成部分及各种设备的分类、基本功能，包括音频设备、视频设备、信息获取设备、存储设备等。

2. 重点掌握模拟音频信息的采样、量化、编码的数字化过程，常见音频文件格式，如 WAM、MP3、CD、WMA 等；矢量图形与位图图像的概念，图像的数字化及常用文件的格式，如 BMP、GIF、JPEG、PNG 等；视频的数字化及常用文件格式，如 AVI、MPEG、RM、MOV、ASF、WMV 等；静态、动态图像压缩标准；虚拟现实系统及应用；流媒体的概念、特点、传输与应用。

参考学时：实验2学时。

2.2　习　　题

一、单项选择题

1. 以下选项中，不属于多媒体计算机应用软件的是（　　　）。

　　A. 多媒体演示系统　　　　　　　　　　B. 多媒体教学课件

　　C. 多媒体模拟系统　　　　　　　　　　D. 多媒体编辑与创作工具

2. 以下各类媒体之中属于表现媒体的是（　　　）。

    A. 扬声器　　　　　B. 双绞线　　　　　C. 硬盘　　　　　D. RAM

3. Media Player 是功能较强大的媒体播放器，支持多种格式的音频和视频文件，但不支持（　　　）。

    A. WAV 文件　　　B. BMP 文件　　　C. MP3 文件　　　D. AVI 文件

4. 多媒体和电视、报纸、杂志具有的相同功能是（　　　）。

    A. 信息交流和传播　　　　　　　　B. 以数字的形式传播

    C. 人机交互　　　　　　　　　　　D. 传播信息的媒体种类多

5. CD-ROM 在存储方面（　　　）。

    A. 能存储文字、声音和图像　　　　B. 仅能存储文字

    C. 仅能存储图像　　　　　　　　　D. 仅能存储声音

6. 下列选项中属于虚拟现实系统输出设备的是（　　　）。

    A. 头盔显示器　　　B. 头部跟踪器　　　C. 数据手套　　　D. 生物传感器

7. 多媒体的（　　　）这一特性满足了人的感官对多媒体信息的需求。

    A. 交互性　　　　　B. 多样性　　　　　C. 集成性　　　　　D. 实时性

8. BMP 和 JPEG 属于以下选项中（　　　）文件的格式。

    A. 图像　　　　　　B. 动画　　　　　　C. 视频　　　　　　D. 声音

9. 多媒体计算机的英文缩写是（　　　）。

    A. APC　　　　　　B. MPC　　　　　　C. MMM　　　　　　D. MMC

10. 在以下几类媒体当中，（　　　）是指传输感觉媒体的中介媒体。

    A. 表现媒体　　　　B. 存储媒体　　　　C. 表示媒体　　　　D. 传输媒体

11. 以下各类媒体之中属于表示媒体的是（　　　）。

    A. 图像编码　　　　B. 扫描仪　　　　　C. 声音　　　　　　D. 键盘

12. 以下各类媒体之中属于感觉媒体的是（　　　）。

    A. 声音　　　　　　B. 文本编码　　　　C. 扫描仪　　　　　D. 双绞线

13. 连续的图像变化每秒超过（　　　）画面时，被称为视频；而低于此值时则叫动画。

    A. 30 帧　　　　　　B. 24 帧　　　　　　C. 25 帧　　　　　　D. 20 帧

14. 声音、图像等属于（　　　）。

    A. 表现媒体　　　　B. 存储媒体　　　　C. 感觉媒体　　　　D. 表示媒体

15. 下列关于电子出版物的说法中，不正确的是（　　　）。

    A. 具有评价和反馈功能

    B. 媒体种类多，可以集成文本、图形、图像、动画、视频和音频等多媒体信息

    C. 存储容量大，一张光盘可以存储几百本长篇小说

    D. 检索信息迅速，能及时传播

16. VCD 采用（　　　）数据压缩标准。

    A. MPEG-3　　　　B. MPEG-1　　　　C. MPEG-2　　　　D. MPEG-4

17. WMV 文件格式是（　　　）公司开发制定的技术标准。

    A. Macromedia　　B. Real Networks　　C. Apple　　　　D. Microsoft

18. DVD-RAM 采用相变技术来擦写信息，可重复擦写达（　　　）次以上。

    A. 十万　　　　　　B. 一千　　　　　　C. 一万　　　　　　D. 一百万

19. 在数字音频回放时，需要用（   ）还原。

    A. 模数转换器   B. 数字编码器   C. 数字解码器   D. 数模转换器

20. 数码相机摄取的图像一般保存在 CF 或（   ）卡上，可以与计算机的 USB 通信端口连接。

    A. SM   B. CCD   C. RAM   D. VCD

21. 在（   ）流式传输中，音视频信息可被实时听到或观看到，用户可快进或后退以观看前面或后面的内容。

    A. 任意   B. 线性   C. 实时   D. 顺序

22. 下列选项中不属于多媒体计算机常用的图像输入设备的是（   ）。

    A. 数码摄像机   B. 绘图仪   C. 数码照相机   D. 扫描仪

23. （   ）是一种新型接口标准，目前广泛地应用于计算机、摄像机、数码相机和手机等多种数码设备上

    A. AGP   B. USB   C. IEEE 1394   D. PCI

24. GIF 和 SWF 属于以下选项中（   ）文件的格式。

    A. 图像   B. 声音   C. 视频   D. 动画

25. （   ）文件不能直接复制到硬盘上播放，需要使用音频抓轨软件进行格式转换。

    A. CDA   B. WMA   C. MP3   D. WAV

26. 以下（   ）接口是数码摄像机上标准的数码输入/输出接口。

    A. AV   B. DV In/out   C. USB   D. S-Video

27. 下列选项中，（   ）不是多媒体技术研究的主要方向。

    A. 多媒体数据的安全技术   B. 多媒体数据的表示技术

    C. 多媒体的应用开发   D. 多媒体数据的存储技术

28. 在下列声音采样频率中，（   ）不是标准的采样频率。

    A. 48 kHz   B. 44I kHz   C. 11.25 kHz   D. 22.05 kHz

29. 对生物形态、生物智能和人类行为智能进行模拟，实现单纯通过人为想象不可能达到的效果，是多媒体技术在（   ）方面的应用。

    A. 医疗   B. 旅游   C. 人工智能模拟   D. 影视娱乐业

30. 图像编码、文字编码和声音编码属于（   ）。

    A. 感觉媒体   B. 表现媒体   C. 表示媒体   D. 存储媒体

31. 在多媒体技术中，最复杂但最重要的是音频信息和（   ）的处理技术。

    A. 文字信息   B. 动态图像   C. 静态图像   D. 视频信息

32. 多媒体数据压缩采用的基本技术是（   ）。

    A. 通过一定的数据分类实现数据的压缩   B. 通过一定的算法实现数据的压缩

    C. 通过一定的数据汇总实现数据的压缩   D. 通过一定的存储方法实现数据的压缩

33. 多媒体技术的核心技术是（   ）。

    A. 多媒体数据的表现技术   B. 多媒体数据的传输技术

    C. 多媒体数据的压缩技术和编码技术   D. 多媒体数据的存储技术

34. （   ）是屏幕上相邻两个相同颜色的荧光点之间的最小距离。

    A. 点距   B. 像素   C. 分辨率   D. 距离

35. 下列文件格式特别适合于动画制作的是（   ）。

    A. PNG   B. GIF   C. JPEG   D. BMP

36. MPEG 卡的功能不包括（　　　）。

　　A. 音频和视频同步压缩　　　　　　　　B. MPEG 视频解压

　　C. 音频和视频同步解压　　　　　　　　D. MPEG 音频解压

37. 在 MIDI 合成器中，不曾采用过的合成技术是（　　　）。

　　A. 硬波表　　　　　B. FM 频率调制　　　　C. 软波表　　　　D. 混合波表

38. （　　）也称之为简易型虚拟现实系统。

　　A. 分布式虚拟现实系统　　　　　　　　B. 桌面式虚拟现实系统

　　C. 增强式虚拟现实系统　　　　　　　　D. 沉浸式虚拟现实系统

39. 下面哪个是专为提高视频带宽而设计的总线（　　　）。

　　A. ISA　　　　　　B. AGP　　　　　　C. PCI　　　　　D. VESA

40. 在多媒体计算机系统中，不能用以存储多媒体信息的是（　　　）。

　　A. 磁带　　　　　　B. 光缆　　　　　　C. 磁盘　　　　　D. 光盘

41. 多媒体中属于视频文件格式的是（　　　）。

　　A. MP3 格式　　　　B. SWF 格式　　　　C. AVI 格式　　　D. BMP 格式

42. 关于使用触摸屏的说法正确的是（　　　）。

　　A. 用手指操作直观、方便　　　　　　　B. 操作简单，无须学习

　　C. 交互性好，简化了人机接口　　　　　D. 全部正确

43. 多媒体中属于图像文件格式的是（　　　）。

　　A. WAV 格式　　　　B. AVI 格式　　　　C. SWF 格式　　　D. GIF 格式

44. 能够处理各种文字、声音、图像和视频等多媒体信息的设备是（　　　）。

　　A. 数码照相机　　　B. 扫描仪　　　　　C. 多媒体计算机　D. 光笔

45. （　　）赋予计算机综合处理声音、图像、动画、文字、视频和音频信号的功能，是 20 世纪 90 年代计算机的时代特征。

　　A. 计算机网络技术　B. 虚拟现实技术　　　C. 多媒体技术　　D. 面向对象技术

46. 下列声音文件格式中，（　　　）是波形文件格式。

　　A. WAV　　　　　　B. CMF　　　　　　C. VOC　　　　　D. MID

47. 以下的采样频率中（　　　）是目前音频卡所支持的。

　　A. 20 kHz　　　　　B. 22.05 kHz　　　　C. 100 kHz　　　D. 50 kHz

48. 下列选项中，不属于多媒体的媒体类型的是（　　　）。

　　A. 程序　　　　　　B. 图像　　　　　　C. 音频　　　　　D. 视频

49. 多媒体除了具有信息媒体多样性的特征外，还具有（　　　）。

　　A. 交互性　　　　　B. 集成性　　　　　C. 系统性　　　　D. 上述 3 方面特征

50. 下列说法正确的是（　　　）。

　　A. 音频卡本身具有语音识别的功能

　　B. 文件压缩和磁盘压缩的功能相同

　　C. 多媒体计算机的主要特点是具有较强的音、视频处理能力

　　D. 彩色电视信号就属于多媒体的范畴

51. 以下文件格式中不是图像文件格式的是（　　　）。

　　A. pcx　　　　　　B. gif　　　　　　C. wmf　　　　　D. mpeg

52. 有些类型的文件因为它们本身就是以压缩格式存储的，很难进行压缩，例如（   ）。
  A. WAV 音频文件   B. BMP 图像文件
  C. 视频文件   D. JPG 图像文件

53. 下面关于图形媒体元素的描述，说法不正确的是（   ）。
  A. 图形也称矢量图   B. 图形主要由直线和弧线等实体组成
  C. 图形易于用数学方法描述   D. 图形在计算机中用位图格式表示

54. 下面是关于多媒体计算机硬件系统的描述，不正确的是（   ）。
  A. 摄像机、话筒、录像机、录音机、扫描仪等是多媒体输入设备
  B. 打印机、绘图仪、电视机、音响、录像机、录音机、显示器等是多媒体的输出设备
  C. 多媒体功能卡一般包括声卡、视卡、图形加速卡、多媒体压缩卡、数据采集卡等
  D. 由于多媒体信息数据量大，一般用光盘而不用硬盘作为存储介质

55. 下述声音分类中质量最好的是（   ）。
  A. 数字激光唱盘   B. 调频无线电广播
  C. 调幅无线电广播   D. 电话

56. 下列硬件设备中，（   ）不是多媒体硬件系统必须包括的设备。
  A. 计算机最基本的硬件设备   B. CD-ROM
  C. 音频输入、输出和处理设备   D. 多媒体通信传输设备

57. （   ）是对数据重新进行编码，以减少所需存储空间的通用术语。
  A. 数据编码   B. 数据展开   C. 数据压缩   D. 数据计算

58. 声卡是多媒体计算机不可缺少的组成部分，是（   ）。
  A. 纸做的卡片   B. 塑料做的卡片   C. 一块专用器件   D. 一种圆形唱片

59. 在声音的数字化处理过程中，当（   ）时，声音文件最大。
  A. 采样频率高，量化精度低   B. 采样频率高，量化精度高
  C. 采样频率低，量化精度低   D. 采样频率低，量化精度高

60. 多媒体中属于音频文件格式的是（   ）。
  A. WAV 格式   B. AVI 格式   C. SWF 格式   D. BMP 格式

61. 人工合成制作的电子数字音乐文件是（   ）。
  A. MIDI.mid 文件   B. WVA.wav 文件
  C. MPEG.mpl 文件   D. RA.ra 文件

62. 在多媒体应用中，文本的多样化主要是通过其（   ）表现出来的。
  A. 文本格式   B. 编码   C. 内容   D. 存储格式

63. 两分钟双声道，16 位采样位数，22.05 kHz 采样频率声音的不压缩的数据量是（   ）。
  A. 5.05 MB   B. 12.58 MB   C. 10.34 MB   D. 10.09 MB

64. 常用于存储多媒体数据的存储介质是（   ）。
  A. CD-ROM、VCD 和 DVD   B. 可擦写光盘和一次写光盘
  C. 大容量磁盘与磁盘阵列   D. 上述 3 项

65. 下列数字视频中质量最好的是（   ）。
  A. 压缩处理   B. 解压缩处理   C. 模拟化处理   D. 数字化处理

二、多项选择题

1. 下列描述中，CD-ROM 光盘具有的特点是（　　　）。
   A. 易损伤或损坏　　B. 多种媒体融合　　　C. 大容量　　　　D. 可靠性高
   E. 价格低廉

2. 以下各类媒体之中不属于表示媒体的是（　　　）。
   A. 声音　　　　　　B. 文本编码　　　　　C. 图像编码　　　D. 扫描仪
   E. 声音编码

3. 多媒体创作工具具有的功能一般包括（　　　）。
   A. 创建和编辑声音素材及 MIDI 音乐　　　　B. 支持各种媒体对象之间的超链接
   C. 操体对象呈现时的过渡效果　　　　　　　D. 文本及图形的编辑功能
   E. 动画以及视频的创建和编辑

4. 常见的视频文件存储格式有（　　　）。
   A. MOV　　　　　　B. WAV　　　　　　　C. MPG　　　　　D. AVI
   E. MP3

5. 动态图像压缩标准包括（　　　）。
   A. MPEG-1　　　　B. JPEG　　　　　　　C. MPEG-2　　　D. H.261
   E. MPEG-4

6. 以下各类媒体之中属于表现媒体的是（　　　）。
   A. 显示器　　　　　B. 文本编码　　　　　C. 图像编码　　　D. 打印机
   E. 图像

7. 根据不同的读/写操作性质，DVD 驱动器可分为（　　　）等几种类型。
   A. DVD-RAM　　　B. DVD-W　　　　　　C. DVD-ROM　　　D. DVD-R
   E. DVD-RW

8. 在 MPC 中，对声音进行数字化时，量化精度标准可以定为（　　　）。
   A. 32 位　　　　　B. 16 位　　　　　　　C. 4 位　　　　　D. 8 位
   E. 24 位

9. 声波是随时间连续变化的模拟量，它主要包括（　　　）等重要指标。
   A. 噪音　　　　　　B. 相变　　　　　　　C. 频率　　　　　D. 周期
   E. 振幅

10. 视频采集卡能支持多种视频源输入，下列（　　　）是视频采集卡支持的视频源。
    A. DVD 影碟机　　B. CD-ROM　　　　　C. 摄像机　　　　D. VCD 影碟机
    E. 放像机

11. 多媒体的特点包括（　　　）。
    A. 多样性　　　　　B. 兼容性　　　　　　C. 可执行性　　　D. 交互性
    E. 集成性

12. 需要使用多媒体创作工具的原因是（　　　）。
    A. 降低对多媒体创作者的要求，创作者不再需要了解多媒体程序的各个细节
    B. 需要创作者懂得较多的多媒体程序设计
    C. 适用于更多的用户进行媒体创作

D. 简化多媒体创作过程

E. 比用多媒体程序设计的功能、效果更强

13. 图像文件所占存储空间与（　　）有关。

A. 像素分辨率　　　　B. 图像分辨率　　　　C. 显示分辨率

D. 颜色深度　　　　　E. 压缩比

三、判断题

1. 一般来说，位图所占的存储空间要比矢量图形所占的存储空间小。（　　）

2. 电子工具书和电子百科全书也属于多媒体应用软件。（　　）

3. MP3 采用 MPEG-3 压缩标准。（　　）

4. 在声音的数字化过程中，在采样和量化过程称为模/数转换。（　　）

5. 多媒体计算机必须安装 MPEG 卡。（　　）

6. PCI 声卡采用了将硬波表和软波表的优点相结合的合成技术。（　　）

7. 多媒体技术中的"媒体"是指磁盘、磁带、光盘、半导体存储器等。（　　）

8. .cda 文件并不是真正的包含声音信息，而只包含声音索引信息。（　　）

9. DVD-ROM 驱动器不能读取音频 CD 和 CD-ROM 上的数据。（　　）

10. 多媒体技术就是指对数字、文字、声音、图形、图像和动画等各种媒体进行单独加工处理的技术。（　　）

11. 视频的播放只能通过电视机、录像机等硬件设备来实现。（　　）

12. 视频和动画实际上就是一回事，只是说法不同而已。（　　）

13. Windows Media Player 不能播放 DVD。（　　）

14. 使用电视编码卡可以用计算机接收电视节目。（　　）

15. 多媒体技术中的"媒体"主要是指传递信息的载体。（　　）

16. CD-ROM 的存储容量大，一张 12 cm 的盘片可达 650 MB。（　　）

17. 图形和图像实际上是一回事，只是说法不同而已。（　　）

18. 视频的播放只能通过软件来实现。（　　）

19. 图像是离散的视频，而视频是连续的图像。（　　）

20. JPEG 算法的平均压缩比为 15：1，当压缩比大于 50 时将可能出现方块效应。这一标准适用于黑白与彩色照片、传真和印刷图片。（　　）

21. 对于灰度图像来说，颜色深度决定了该图像可以使用的亮度级别数目。（　　）

第3章
Windows 7 操作系统

3.1　教学要求及大纲

Windows 7 操作系统是微软公司推出的具有图形用户界面的多任务操作系统。本章对它的工作环境、文件管理、磁盘管理和系统管理进行讲解。需要掌握的知识点如下。

1. 掌握操作系统的主要特性、基本功能和分类。

2. 掌握 Windows 7 的基本操作，主要包括 Windows 7 的启动和退出、窗口和菜单的操作、对话框的操作等。

3. 了解 Windows 7 桌面上的主要元素；掌握 Windows 7 桌面的基本设置、任务栏和"开始"菜单的设置及快捷方式的建立和使用。

4. 掌握文件和文件夹的概念及其命名规则。

（1）掌握"资源管理器"的基本操作。

（2）熟练并重点掌握文件和文件夹的管理：选定文件或文件夹，更改文件或文件夹的属性、文件和文件夹的建立、复制、移动、删除、重命名、查找和共享；回收站的概念和基本操作。

（3）掌握文件压缩：Windows 7 系统中自带压缩工具的使用及目前流行的压缩工具 WinRAR 的基本操作。

5. 掌握区域和语言选项设置、日期和时间设置、鼠标和键盘的设置、添加或删除程序、打印机设置、用户账户管理。

6. 了解磁盘的格式化和磁盘卷标设置、磁盘碎片整理、文件的备份和还原。

7. 掌握"画图"程序的基本使用、"写字板"和"记事本"的基本操作、"计算器"的基本操作、一些常见的娱乐程序的基本操作。

参考学时：实验 6 学时。

3.2　习　　题

一、单项选择题

1. 在 Windows 7 中，一般不通过使用（　　　　）来管理"打印机"。

    A. 资源管理器　　　　　　B. 控制面板　　　　　　C. 附件　　　　　　D. 计算机

2. 关于 Windows 7 的系统安全，下列说法中不正确的是（　　　）。

    A. 直接到微软网站上在线安装更加安全

    B. 应用必要安全策略，如安装杀毒软件和防火墙

    C. 加强系统账户的安全管理

    D. 从开始安装操作系统时就应该考虑安全问题

3. 在 Windows 7 中，关于控件，下列描述中不正确的是（　　　）。

    A. 控件是一种具有标准的外观和标准操作方法的对象

    B. 控件能够单独存在

    C. 复选框和单选按钮都属于控件

    D. 通常对话框也是由一系列控件构成的

4. 文件夹中不可直接存放（　　　）。

    A. 文件夹　　　　　　B. 文件　　　　　　C. 字符　　　　　　D. 多个文件

5. 对于操作系统，下面说法中错误的是（　　　）。

    A. 按运行环境将操作系统分为实时操作系统、分时操作系统和批处理操作系统

    B. 实时操作系统是对外来信号及时做出反应的操作系统

    C. 批处理操作系统指利用 CPU 的空余时间处理成批的作业

    D. 分时操作系统具有多个终端

6. 下列关于 Windows 7 文件名的说法中，不正确的是（　　　）。

    A. Windows 7 中的文件名可以使用空格

    B. Windows 7 中的文件名可以使用汉字

    C. Windows 7 中的文件名最长可达 256 个字符

    D. Windows 7 中的文件名最长可达 255 个字符

7. 在"写字板"中，不能在"页面设置"中设置的是（　　　）。

    A. 页面方向　　　　　B. 每页的行数　　　C. 纸张大小　　　　D. 页边距

8. Windows 7 系统提倡所有的分区都使用 NTFS 格式，是因为（　　　）。

    A. NTFS 格式的分区在安全性方面更加有保障

    B. NTFS 格式的分区能使存储设备的容量更大

    C. NTFS 格式的分区能阻止用户从本地对硬盘资源的任何操作

    D. NTFS 格式的分区运行速度更快

9. 如果要选定当前文件夹中的所有内容，可以按（　　　）组合键。

    A. Ctrl+C　　　　　　B. Ctrl+V　　　　　C. Ctrl+A　　　　　D. Ctr1+T

10. 在 Windows 7 中，若要对已插入的 U 盘进行格式化，可以在"计算机"窗口中用鼠标（　　　），再在弹出的快捷菜单中选中"格式化"项，然后按照提示进行操作。

    A. 先打开该 U 盘　　　　　　　　　B. 单击该 U 盘的图标

    C. 双击该 U 盘的图标　　　　　　　D. 右键单击该 U 盘的图标

11. 以下关于 Windows 7 快捷方式的说法中正确的是（　　　）。

    A. 一个对象可以有多个快捷方式　　　B. 一个快捷方式可以指向多个对象

    C. 只有文件可以建立快捷方式　　　　D. 不允许为快捷方式建立快捷方式

12. 在资源管理器右窗口的空白处右键单击，在弹出的快捷菜单中选择"新建"命令，然后单击（　　　），可以建立 .txt 的文件。

　　A．公文包　　　　　　B．文本文档　　　　　C．文件夹　　　　　　D．Microsoft word 文档

13．下列有关 Windows 回收站的叙述中不正确的是（　　　　）。

　　A．用户可以调整回收站的空间大小

　　B．可以修改回收站的图标

　　C．可以为多个硬盘驱动器分别设置回收站

　　D．回收站中的文件（夹）可以改名

14．Windows 中用于在各种输入法之间切换的快捷键是（　　　　）。

　　A．Ctrl+Shift　　　　B．Alt+Space　　　C．Alt+Shift　　　　D．Ctrl+Space

15．对快捷方式的描述，下列说法中错误的是（　　　　）。

　　A．通过快捷方式可以快速打开相关联的应用程序或文档

　　B．快捷方式就是一个扩展名为．Ink 的文件

　　C．快捷方式和快捷按钮是一回事

　　D．快捷方式一般与一个应用程序或文档关联

16．将桌面图标排列类型设置为自动排列后，下列说法中正确的是（　　　　）。

　　A．桌面上的图标固定　　　　　　　　B．桌面上图标将按文件名排序

　　C．桌面上图标将按文件大小排序　　　D．桌面上的图标将无法随意移动位置

17．在 Windows 7 操作系统中，关于文件夹的共享，下列描述中正确的是（　　　　）。

　　A．含"隐藏"属性的文件夹不能设置为共享

　　B．所有文件夹都不能设置为共享，只有文件可以设置为共享

　　C．含"只读"属性的文件夹不能设置为共享

　　D．所有文件夹都可以设置为共享

18．文件夹中不可直接存放（　　　　）。

　　A．文件夹　　　　　B．文件　　　　　C．多个文件　　　D．字符

19．在 Windows 7 的对话框中，其中的复选框是指列出的多项选择中（　　　　）。

　　A．可以选择一个或多个选项　　　　　B．只可选择一个选项

　　C．必须选择多个选项　　　　　　　　D．必须选择全部选项

20．（　　　　）是把真实环境和虚拟环境组合在一起的一种系统，它既允许用户看到真实世界，同时也可以看到叠加在真实世界的虚拟对象。

　　A．沉浸式虚拟现实系统　　　　　　　B．分布式虚拟现实系统

　　C．桌面式虚拟现实系统　　　　　　　D．增强式虚拟现实系统

21．Windows 7 中，不能在"卸载或更改程序"窗口中实现的功能是（　　　　）。

　　A．格式化软盘　　　　　　　　　　　B．添加 Windows 应用程序

　　C．删除 Windows 应用程序　　　　　 D．添加/删除 Windows 组件

22．在 Windows 7 操作系统中，在查找文件时，如果输入文件名*.bmp 表示（　　　　）。

　　A．查找一个文件名为*.bmp 的文件

　　B．查找所有的位图图像文件

　　C．查找主文件名为一个字符，扩展名为.bmp 的文件

　　D．查找主文件名为 bmp 的所有文件

23．在 Windows 7 "画图"程序中，有一个白色的矩形区域是用户绘图时使用的区域，称为（　　　　）。

A. 画布   B. 颜料盒   C. 编辑区   D. 工具箱

24. 关于 Windows 7 系统账户的安全，下面说法不正确的是（ ）。

 A. 要注意将系统密码设置为 8 位以上的字母数字符号的混合组合

 B. 对于使用的其他用户账户，一般不要将其加进 Administrators 用户组中

 C. 在安装系统以后，应合理设置 Administrator 用户登录密码，但不可修改 Administrator 用户名

 D. 如果没有特殊要求，最好禁用 Guest 账户

25. Windows 7 默认环境中，下列不能运行应用程序的方法是（ ）。

 A. 用鼠标右键单击应用程序的图标，在弹出的快捷菜单中选择"打开"命令

 B. 用鼠标左键双击应用程序的图标

 C. 用鼠标右键双击应用程序的图标

 D. 用鼠标左键双击应用程序的快捷方式

26. 在 Windows 7 中，下列关于文件的说法中不正确的是（ ）。

 A. 文件名由主文件名和扩展名两部分组成

 B. 同一个文件夹下，允许两个文件重名

 C. 文件是指存放在外存储器上的一组相关信息的集合

 D. 文件中存放的可以是一个程序，也可以是一篇文章、一首乐曲、一幅图画

27. 下列操作可以使窗口在最大化与非最大化间进行切换的是（ ）。

 A. 双击标题栏 B. 双击菜单栏   C. 单击标题栏 D. 单击菜单栏

28. Windows 7 中的计算器有两种形式，即科学型计算器和（ ）型计算器

 A. 简便   B. 标准   C. 复杂   D. 精确

29. 在 Windows 7 中，以下说法中正确的是（ ）。

 A. 如果鼠标坏了，就无法选中桌面上的图标

 B. 双击任务栏上的日期/时间显示区，可调整机器默认的日期或时间

 C. 任务栏总是位于屏幕的底部

 D. 如果鼠标坏了，将无法正常退出 Windows

30. 计算机操作系统的主要功能是（ ）。

 A. 管理系统所有的软、硬件资源   B. 实现软、硬件转换

 C. 进行数据处理   D. 把程序转换为目标程序

31. Windows 7 自带的两个文字处理程序是记事本和（ ）。

 A. WPS   B. Microsoft Word

 C. Microsoft Frontpage   D. 写字板

32. 在 Windows 7 的"资源管理器"窗口中，若想显示具有隐藏属性的文件或文件夹，应选窗口中的（ ）菜单。

 A. 编辑   B. 文件   C. 查看   D. 工具

33. 若在某菜单项的右端有一个指向右侧的黑色三角符号，则表示该菜单项（ ）。

 A. 可以立即执行   B. 单击后会打开一个对话框

 C. 有下级子菜单   D. 不可执行

34. 下列关于操作系统的叙述中正确的是（ ）。

 A. 操作系统是源程序开发系统 B. 操作系统是系统软件的核心

C．操作系统用于执行用户键盘操作　　　　D．操作系统可以编译高级语言程序

35．单击应用程序窗口右上角的最小化按钮后（　　　）。

    A．窗口最小化，结束应用程序的运行　　　B．窗口在桌面上缩成快捷方式小图标

    C．窗口消失，任务栏被取消　　　　　　　D．窗口落入任务栏，变成任务按钮

36．在资源管理器的文件栏中，文件夹是按照（　　　）关系来组织的。

    A．图形　　　　　　B．树形　　　　　　C．时间　　　　　　D．名称

37．下列说法中正确的是（　　　）。

    A．画图程序可将图形存为位图文件

    B．通过"开始"→"程序"→"画图"打开画图程序

    C．画图程序只能绘制黑白图形

    D．画图程序中绘制的图形不能打印

38．在 Windows 7 "系统属性"对话框中，通过"常规"标签不能够了解的信息是（　　　）。

    A．操作系统版本号　　　　　　　　　　　B．CPU 类型

    C．用户登记 ID 号　　　　　　　　　　　 D．硬盘的型号

39．大量的计算机通过网络联结在一起，可以获得极高的运算能力及广泛的数据共享，这种系统被称作（　　　）。

    A．分时操作系统　　　　　　　　　　　　B．实时操作系统

    C．批处理操作系统　　　　　　　　　　　D．分布式操作系统

40．Windows 7 操作系统属于（　　　）操作系统。

    A．单用户单任务　B．多用户单任务　　　C．多用户多任务　　　D．单用户多任务

41．在 Windows 中，用键盘关闭一个运行的应用程序，可用组合键（　　　）。

    A．Alt+F4　　　　B．Esc+F4　　　　　　C．Ctrl+空格键　　　D．Ctrl+F4

42．在下列关于窗口与对话框的论述中，正确的是（　　　）。

    A．所有的窗口与对话框都有菜单栏

    B．对话框既不能移动位置也不能改变大小

    C．所有的窗口与对话框都可以移动位置

    D．所有的窗口与对话框都不可以改变大小

43．下列操作中，（　　　）直接删除文件或文件夹而不送入回收站。

    A．按 Shift 键拖动文件或文件夹到回收站

    B．选定文件或文件夹后，按 Del 键

    C．选定文件或文件夹后，使用"文件"中的"删除"命令

    D．选定文件或文件夹后，按 Alt 键

44．通过控制面板中的（　　　）可以对多媒体设备进行一些相关设置。

    A．显示　　　　　　B．管理工具　　　　C．声音和多媒体　　D．系统

45．在 Windows 7 中，为了弹出"显示属性"对话框以进行显示器的设置，下列操作中正确的是（　　　）。

    A．用鼠标右键单击"我的电脑"窗口空白处，在弹出的快捷菜单中选择"属性"项

    B．用鼠标右键单击"资源管理器"窗口空白处，在弹出的快捷菜单中选择"属性"项

    C．用鼠标右键单击"任务栏"窗口空白处，在弹出的快捷菜单中选择"属性"项

    D．用鼠标右键单击桌面空白处，在弹出的快捷菜单中选择"屏幕分辨率"项

46. Windows 中用于在中文输入法和英文输入法之间切换的组合键是（　　）。

    A. Ctrl+Shift　　　B. Ctrl+Space　　　C. Alt+Shift　　　D. Alt+Space

47. 在 Windows 7 中，（　　）可用来关闭一个程序。

    A. Ctrl+Esc　　　B. Alt+空格　　　C. 双击控制菜单　　　D. Alt+F5

48. Windows 7 中，选中文件，右键单击鼠标，选择"复制"选项，则此文件的复制件被放到（　　）。

    A. 复制板中　　　B. 目标位置中　　　C. 剪贴板中　　　D. 粘贴板中

49. 在 Windows 7 资源管理器中选定了文件或文件夹后，若要将其复制到同一驱动器的文件夹中，其操作为（　　）。

    A. 按住 Alt 键拖动鼠标　　　　　　B. 按住 Shift 键拖动鼠标

    C. 直接拖动鼠标　　　　　　　　　D. 按住 Ctrl 键拖动鼠标

50. 若将一个应用程序添加到（　　）文件中，以后启动 Windows，即会自动启动该应用程序。

    A. 启动　　　B. 文档　　　C. 程序　　　D. 控制面板

51. 如果计算机安装了多个打印机，在具体执行打印任务时，（　　）。

    A. 只能使用默认打印机　　　　　　B. 可以不用打印机驱动

    C. 可以选择打印机　　　　　　　　D. 可以没有默认的打印机

52. 下列文件属于静态图像文件的是（　　）。

    A. DOC　　　B. JPG　　　C. RM　　　D. PPT

53. 在 Windows 7 "系统属性"对话框中，单击"硬件"选项卡，选择"设备管理器"按钮，打开相应窗口，如果某个设备有问题，前面将出现（　　）。

    A. 黄色叉号　　　B. 红色叉号　　　C. 红色叹号　　　D. 黄色叹号

54. Windows 7 版本中，（　　）版本适用于个人用户。

    A. Windows 7 Home Basic　　　　　B. Windows 7 Ultimate

    C. Windows 7 Professional　　　　　D. Windows 7 Home Premium

55. 在 Windows 中，呈浅灰色显示的菜单意味着（　　）。

    A. 该菜单当前不能选用　　　　　　B. 该菜单正在使用

    C. 选中该菜单后将弹出对话框　　　D. 选中该菜单后将弹出下级子菜单

56. 操作系统是根据文件的（　　）来区分文件类型的。

    A. 打开方式　　　B. 主名　　　C. 创建方式　　　D. 扩展名

57. 为打印机对象建立一个快捷方式 A，又为快捷方式建立了另外一个快捷方式 B，以下说法中正确的是（　　）。

    A. 删除快捷方式 A 将导致快捷方式 B 不能工作

    B. 快捷方式 B 指向的目标对象是打印机

    C. 快捷方式 B 指向的目标对象是快捷方式 A

    D. 删除快捷方式 A 将导致打印机对象被删除

58. Windows 7 中，在不同的应用程序之间切换的组合键是（　　）。

    A. Alt+Tab　　　B. Ctrl+Tab　　　C. Ctrl+Break　　　D. Shift+Tab

59. 在 Windows 7 中打开文档一般就能启动应用程序，因为（　　）。

    A. 应用程序无法单独启动　　　　　B. 文档和应用程序进行了关联

    C. 文档是文件　　　　　　　　　　D. 文档即是应用程序

60. 在 Windows 7 中，如果需要显示所有文件的扩展名，可以（　　　）。

    A. 通过"计算机"→"工具"→"文件夹选项"中的"常规"选项卡

    B. 通过"计算机"→"工具"→"文件夹选项"中的"查看"选项卡

    C. 通过"计算机"→"工具"→"文件夹选项"中的"文件类型"选项卡

    D. 通过"计算机"→"工具"→"文件夹选项"中的"脱机文件"选项卡

61. 以下文件名不正确的是（　　　）。

    A. ABC.txt　　　　B.《日记》.doc　　　　C. A?bc.BMP　　　　D. Song.mp3

62. Windows 7 中显示桌面按钮在桌面的（　　　）。

    A. 左下方　　　　B. 右下方　　　　C. 左上方　　　　D. 右上方

63. 在下列软件中，属于计算机操作系统的是（　　　）。

    A. Windows 7　　　B. Word 2010　　　C. Excel 2010　　　D. PowerPoint 2010

64. 操作系统的功能是（　　　）。

    A. 处理机管理、存储器管理、设备管理、文件管理

    B. 运算器管理、控制器管理、打印机管理、磁盘管理

    C. 硬盘管理、软盘管理、存储器管理、文件管理

    D. 程序管理、文件管理、编译管理、设备管理

二、多项选择题

1. Windows 7 提供的"本地安全策略"包括的设置有（　　　）。

    A. 账户锁定策略　　B. IP 安全策略　　C. 配置指派　　D. 审核策略

    E. 密码策略

2. Windows 7 的新特性包括（　　　）。

    A. 强大的系统还原性和兼容性　　　　B. 安全性提高　　　　C. 播放丰富的媒体

    D. 全新的可视化设计　　　　E. 无微不至的帮助与技术支持

3. 关于 Windows 资源管理器，下列说法中正确的是（　　　）。

    A. 节点展开后，其前面的加号仍为加号

    B. Windows 资源管理器的左窗口是一个树形控件视图窗口

    C. 单击某个节点前面的加号或双击该节点，该节点即被展开

    D. 当某个节点下还包含下级子节点时，该节点的前面将带有一个加号

    E. 节点展开后，其前面的加号变为减号

4. 要使应用程序窗口最大化可采用的方法是（　　　）。

    A. 拖曳边框　　　　B. 单击"视图"菜单，选择"全屏显示"

    C. 单击标题栏中的"最大化"按钮　　　　D. 双击标题栏

    E. 单击应用程序的控制菜单按钮，从中选择"最大化"

5. NTFS 文件系统具有的优势有（　　　）。

    A. 动态分区功能　　B. 安全性　　　　C. 向下的可兼容性　　　　D. 容错性

    E. 稳定性

6. 为了系统安全，Windows 7 系统安装之前，应该至少建立两个分区，它们是（　　　）。

    A. 娱乐分区　　B. 工作分区　　　　C. 系统分区　　　　D. 应用程序分区

    E. 数据分区

7. 选中回收站中某个文件或文件夹，然后右键单击出现的快捷菜单中包括（　　　）。

    A. 还原　　　　　　　　B. 剪切　　　　　　　　C. 复制　　　　　　　　D. 删除

    E. 属性

8. 在 Windows 7 中，可以通过系统提供的"搜索"功能来查找（　　　）。

    A. 工作组　　　　　　　B. 文件或文件夹　　　　C. 在 Internet 上查找有关信息

    D. 打印机　　　　　　　E. 在网络中查找计算机、网络用户

9. 下列（　　　）符号不能出现在文件名中。

    A. >　　　　　　　　　B. $　　　　　　　　　C. |　　　　　　　　　D. /　　E. <

10. 网络操作系统是基于计算机网络的，包括（　　　）。

    A. 资源共享　　　　　　B. 各种网络应用　　　　C. 通信　　　　　　　　D. 网络管理

    E. 安全

11. Windows 7 为用户提供了大量的实用程序，单击"开始"按钮，指向"程序"，再指向"附件"，可以打开（　　　）应用程序。

    A. 游戏　　　　　　　　B. 画图　　　　　　　　C. 计算器　　　　　　　D. 写字板

    E. 记事本

12. Windows 扩展了目录的概念，引入了文件夹，文件夹可以包含（　　　）。

    A. 计算机　　　　　　　B. 文件夹　　　　　　　C. 打印机　　　　　　　D. 文件

    E. 磁盘

13. 在 Windows 7 中，关于控件正确的描述是（　　　）。

    A. 复选框和单选框都属于控件

    B. 当一个对话框含有较多的信息时，可使用框架控件对话框中的控件进行逻辑分组

    C. 控件的主要功能就是控制窗口的某些功能

    D. 组合框控件一般同时包含一个文本框控件和列表框控件

    E. 控件不能单独存在

14. 关于 Windows 7 桌面上的图标，下述哪些说法是正确的（　　　）。

    A. "回收站"用于存放被删除的对象，位于"回收站"中的对象不能再删除

    B. 双击"计算机"图标可以快速查看所有软盘、硬盘、CD-ROM 驱动器、映射网络驱动器的内容

    C. 用户可以在桌面上添加图标，以表示自己的文档、文件夹或快捷方式

    D. "计算机"是一个文件夹

    E. 图标都是自动排列的

15. 下列说法中正确的是（　　　）。

    A. 通过"开始"→"程序"→"附件"→"录音机"，打开录音机窗口

    B. Windows 7 的"录音机"只可以用来录制声音，不能对声音文件进行编辑

    C. MPG 文件采用的是 MPEG 压缩和解压缩技术

    D. 使用"录音机"可以收录用户自己的声音

    E. 利用录音机程序录制声音文件时，需要有声卡和麦克风配合完成

16. 在桌面上可以对图标的操作包括（　　　）。

    A. 删除图标　　　　　　　　　　　　B. 自动排列图标

    C. 移动图标的位置　　　　　　　　　D. 将快捷方式改为文件夹

    E. 改变图标图案

17. 有关剪贴板的叙述，正确的是（　　　）。

    A. 关机不影响存放在剪贴板中的信息

    B. 剪贴板上的内容不能多次粘贴

    C. 计算机中只有一个剪贴板

    D. 用"编辑"下拉菜单的"复制"命令可以把信息放到剪贴板上

    E. 剪贴板上可放文本或图形

18. 下列说法中正确的是（　　　）。

    A. Windows Media Player 不支持 MP3 文件 B. TIF 文件是一种多变的图像文件格式

    C. MIDI 是乐器数字接口的缩写　　　　　　D. Windows Media Player 不可以播放 CD

    E. JPG 文件广泛用于 Internet

19. 下列（　　　）应用程序是 Windows 7 提供的对文件和文件夹进行管理的程序。

    A. "计算机"　　　　B. "回收站"　　　　C. "控制面板"　　　　D. "库"

    E. "资源管理器"

20. 下列属于 Windows 7 自带的输入法的是（　　　）。

    A. 智能 ABC 输入法　　　　　　B. 郑码输入法　　　　　　C. 全拼输入法

    D. 微软拼音输入法　　　　　　E. 自然码输入法

21. 通常，刚安装完毕 Windows 7 后，桌面上有（　　　）项。

    A. 资源管理器　　　B. 库　　　　　　C. 回收站　　　　　　D. 计算机

    E. 控制面板

22. 有关窗口中的滚动条，正确的说法是（　　　）。

    A. 滚动块位置反映窗口信息所在的相应位置，长短表示窗口信息占全部信息的比例

    B. 滚动条可以通过设置取消

    C. 和窗口显示内容无关，当显示某些特定内容时，才会出现滚动条

    D. 同一窗口中同时可有垂直和水平滚动条

    E. 有垂直滚动条一定有水平滚动条

23. 下列（　　　）是文件或文件夹的属性。

    A. 隐藏　　　　　　B. 共享　　　　　　C. 只读　　　　　　D. 默认

    E. 存档

24. Windows 7 的特性包括（　　　）。

    A. 并发性　　　　　　B. 共享性　　　　　　C. 异步性　　　　　　D. 虚拟性

    E. 独占性

25. 以下哪些是 Windows 7 的任务栏与 Windows 7 以前版本任务栏的区别（　　　）。

    A. 显示缩略图　　　　　　　　　　B. 可以在缩略图中直接关闭文件

    C. 在缩略图中可以控制影音文件　　　D. 可以显示影音文件播放进度

    E. 可以直接更改文件名

26. 可以把应用程序锁定到任务栏的方法是（　　　）。

    A. 右键单击应用程序，菜单中选择锁定到任务栏

    B. 直接拖曳到任务栏

    C. 左键菜单中选择锁定到任务栏

    D. 单击应用程序，选择属性

E. 在控制面板中设置

27. 跳转列表可以实现的功能有（　　　）。

    A. 锁定常用文件　　B. 显示最近使用文件　　C. 新建文件

    D. 关闭窗口　　　　　E. 改文件名

28. Windows 7 中可以实现搜索功能的有（　　　）。

    A. IE 浏览器　　　　B. 开始菜单　　　　　C. 游戏　　　　　D. 资源管理器

    E. 控制面板

三、判断题

1. Windows 7 中，用户除了可以用系统默认的快捷键来切换输入法外，还可以自定义每种输入法的快捷键。（　　）

2. 在 Windows 7 的文件中，不可以存放乐曲和图画。（　　）

3. 在 Windows 7 中，所谓复选框是指可以重复使用的对话框。（　　）

4. 快捷方式是一个扩展名为.lnk 的文件。（　　）

5. 为了保证系统安全，安装 Windows 7 操作系统时，最好把网络断开。（　　）

6. 在资源管理器中，同时选定多个不连续的文件应按 Ctrl+Shift 组合键。（　　）

7. Office 2003 应用程序与 Windows 或其他支持 OLE 的程序之间都可以交换数据。（　　）

8. 回收站中的文件或文件夹，不可以再进行还原。（　　）

9. 单击浏览器上的"停止"按钮，IE 窗口将会关闭。（　　）

10. Windows 任务栏的高度是可以改变的。（　　）

11. 所谓活动窗口，是指该窗口在屏幕上可以任意移动位置。（　　）

12. Guest 账户和 Administrator 账户一样是由系统建立的，不能被禁用。（　　）

13. 在 Windows 7 中，如果误删了重要文件则无法恢复，只能重做。（　　）

14. Windows 7 操作系统没有为用户提供五笔字型输入法。（　　）

15. 屏幕保护程序只是一种装饰，不能减小屏幕损耗和保障系统安全。（　　）

16. 任务栏上的输入法指示器不能取消。（　　）

17. 浏览文件夹时，如果需要在不同窗口打开不同文件夹，可以使用"文件夹选项"进行设置。（　　）

18. 鼠标指针是指指向鼠标的箭头。（　　）

19. 所谓模式对话框是指当该种类型的对话框打开时，主程序窗口被禁止。（　　）

20. 用户接口不是操作系统具有主要功能。（　　）

21. Windows 7 只能安装在 NTFS 文件系统，即系统盘必须是 NTFS 格式。（　　）

22. 用户可以对收藏夹进行备份，当重装系统时可以利用备份文件恢复收藏夹。（　　）

3.3　实验操作

3.3.1　实验一

一、实验目的

掌握 Windows 7 快捷方式的创建；掌握 Windows 文件的多种打开方法。

二、实验要求

1. 分别在桌面上创建 Windows 自带的应用程序"记事本""画图""计算器"的快捷方式。

2. 尝试打开 Windows 应用程序的多种方法。

三、实验过程

1. Windows 7 快捷方式的创建

（1）在文件夹中创建快捷方式（以记事本 Notepad 为例）。

打开"Windows 资源管理器"；找到 C 盘→Windows 文件夹→System32 文件夹→Notepad→右键单击 Notepad→创建快捷方式。

（2）在桌面上放置快捷方式。

打开"Windows 资源管理器"；找到 C 盘→Windows 文件夹→System32 文件夹→Notepad→右键单击 Notepad→发送到→桌面快捷方式。

也可以把在文件夹中创建的快捷方式复制到桌面上。请尝试把"画图"（Mspaint）、"计算器"（Calc）的快捷方式放置到桌面上。

2. 多种打开 Windows 应用程序的方法

- 用"开始"菜单打开应用程序："开始"菜单→找到程序→单击鼠标左键；
- 用"快捷方式"打开应用程序：双击建立的快捷方式图标；
- 用"运行"命令打开应用程序：选择"开始"→"所有程序"→"附件"→"运行"命令。

打开"运行"对话框，在文本框中分别输入"cmd""Notepad""Mspaint""Calc"等，单击"确定"按钮，即可打开相应的应用程序窗口。

3.3.2　实验二

一、实验目的

熟练掌握资源管理器和"计算机"的基本操作，文件和文件夹的选定、复制、移动、删除、重命名等操作。

掌握建立各类文件和文件夹的方法。

掌握文件和文件夹属性的设置方法。

二、实验要求

1. 掌握"计算机"和"资源管理器"的基本操作

2. 使用"资源管理器"完成以下操作

（1）在 D 盘下建立一个名为"kaoshi"的文件夹。

（2）在"kaoshi"的文件夹下分别建立"shiyan""shiyan1""shiyan2""Backup""大学 IT"5 个文件夹。

（3）在"shiyan"文件夹下建立名为"计算机学院"的文本文档和名为"计算机学院"的 Word 文档。

（4）将名为"计算机学院"的文本文档复制到"Backup"文件夹下。

（5）将名为"计算机学院"的 Word 文档移动到"大学 IT"文件夹下。

（6）将"Backup"文件夹的属性设置为"隐藏"。

（7）将"大学 IT"文件夹下的 Word 文档"计算机学院"改名为"计算机学院工作安排"，文件类型不变。

（8）删除"shiyan1""shiyan2"两个文件夹。

（9）将回收站中的"shiyan2"文件夹还原到原来位置，并清空回收站。

（10）在"kaoshi"文件夹下查找文件"计算机学院工作安排"。

三、实验过程

1. 掌握资源管理器的基本操作

打开资源管理器有以下 3 种方法：

（1）右键单击"开始"按钮→"打开 Windows 资源管理器"，如图 3-1 所示。

（2）右键单击"计算机"或"网络"，在出现的快捷菜单中选择"打开"命令，弹出的窗口即为"资源管理器"，如图 3-2 与图 3-3 所示。

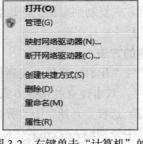

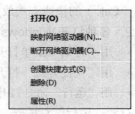

图 3-1　右键单击"开始"按钮的
快捷菜单　　　　　　　　　　

图 3-2　右键单击"计算机"的
快捷菜单　　　　　　　　　

图 3-3　右键单击"网络"的
快捷菜单　　　　　　　

（3）单击"开始"→"所有程序"→"附件"→"Windows 资源管理器"，如图 3-4 所示。

图 3-4　"附件"菜单

2. 使用"资源管理器"完成以下操作

（1）用"资源管理器"打开目录"D"，在右空白区域中右键单击→"新建"→"文件夹"命令，在右窗口会出现新建文件夹，如图 3-5 所示。输入文件夹名"kaoshi"，在空白处单击确认文件夹名称的输入，如图 3-6 所示。

（2）同理，可在目录"D:\kaoshi"中新建"shiyan""shiyan1""shiyan2""Backup""大学 IT"5 个文件夹，如图 3-7 所示。

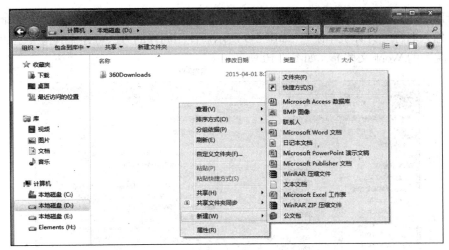

图 3-5　"新建"→"文件夹选项"菜单

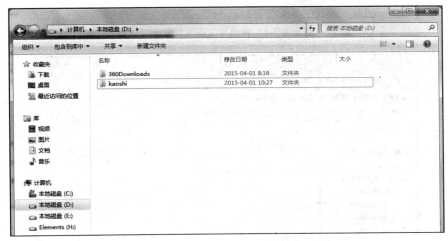

图 3-6　新建"kaoshi"文件夹

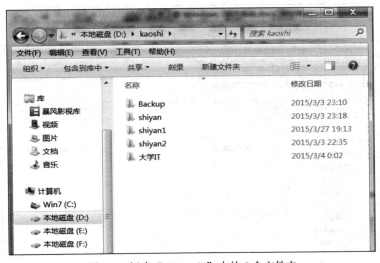

图 3-7　新建"D:\kaoshi"中的 5 个文件夹

（3）打开"shiyan"文件夹，在右侧空白处单击右键→"新建"→"文本文档"命令，如图 3-8 所示，输入名称"计算机学院"，如图 3-9 所示。使用同样的方法可建立其他类型的文件，如"计算机学院"的 Word 文档等，如图 3-10 所示。

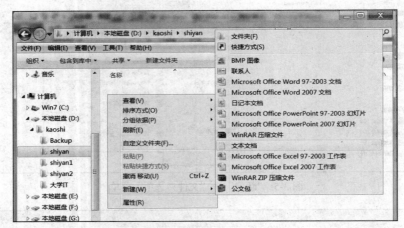

图 3-8　新建"文本文档"

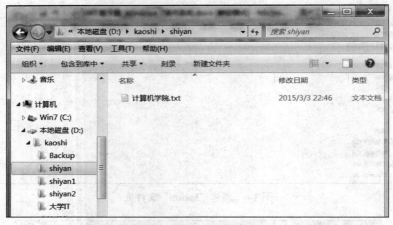

图 3-9　新建"D:\kaoshi\shiyan\计算机学院.txt"文件

图 3-10　新建"D:\kaoshi\shiyan\计算机学院.docx"文件

（4）在目录"D:\kaoshi\shiyan"中，右键单击"计算机学院.txt"→"复制"命令，如图 3-11 所示。

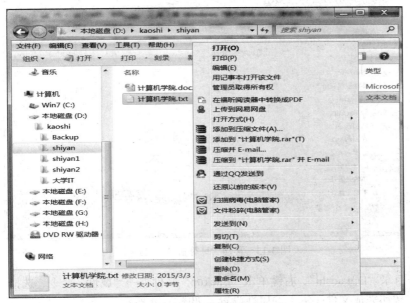

图 3-11　复制"计算机学院.txt"

打开"D:\kaoshi\Backup"文件夹，空白处右键单击→"粘贴"命令，完成文件的复制操作，如图 3-12 所示。

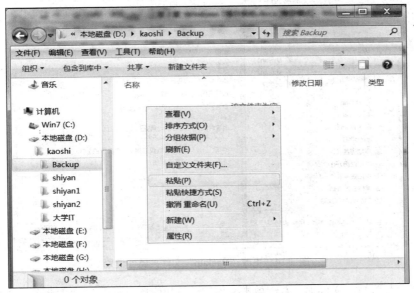

图 3-12　粘贴"计算机学院.txt"

（5）用类似的方法可在目录"D:\kaoshi\shiyan"中，右键单击"计算机学院.docx"→"剪切"命令，打开"D:\kaoshi\大学 IT"文件夹，空白处右键单击→"粘贴"命令，完成文件的移动操作，如图 3-13 所示。

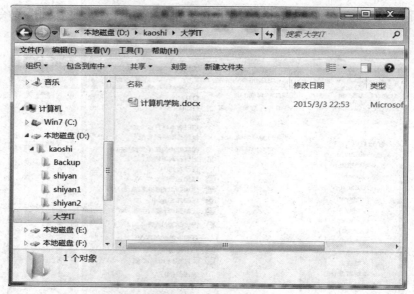

图 3-13　移动"计算机学院.docx"

（6）打开目录"D:\kaoshi"，右键单击"Backup"文件夹→"属性"命令，选择"隐藏"属性，单击"确定"按钮完成文件（夹）的属性设置，如图 3-14 所示。

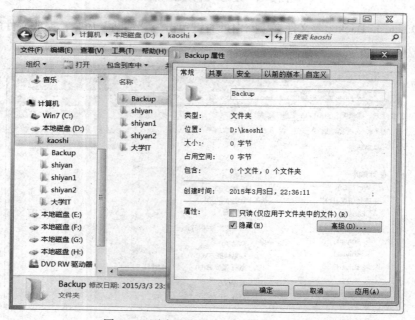

图 3-14　更改"Backup"文件夹属性设置

（7）打开"大学 IT"文件夹，右键单击文件"计算机学院.docx"→"重命名"命令，如图 3-15 所示。输入"计算机学院工作安排"，在空白处单击确认，完成文件夹名称的修改操作。

（8）打开目录"D:\kaoshi"，按 Ctrl 键不要松手，分别单击"shiyan1""shiyan2"两个文件夹，右键单击选中的文件夹→"删除"→单击"是"按钮，完成文件（夹）的删除操作，如图 3-16 所示。

图 3-15　重命名文件"计算机学院.docx"

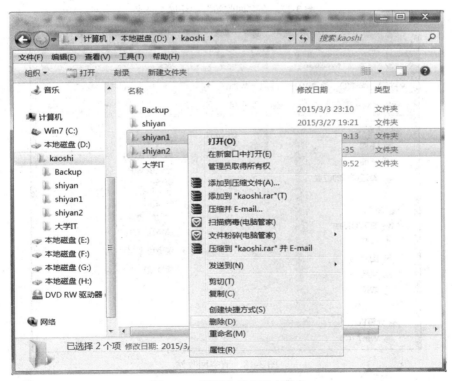

图 3-16　"删除"选定的文件夹

（9）在桌面上双击"回收站"图标，打开"回收站"。右键单击"shiyan2"→"还原"命令，完成误删文件的还原操作，如图 3-17 所示。在空白处右键单击→"清空回收站"命令，完成"回收站"中文件的彻底删除操作，如图 3-18 所示。

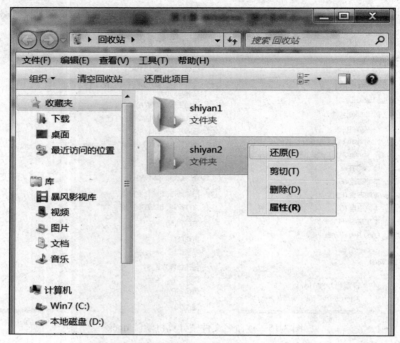

图 3-17　在"回收站"中还原文件夹

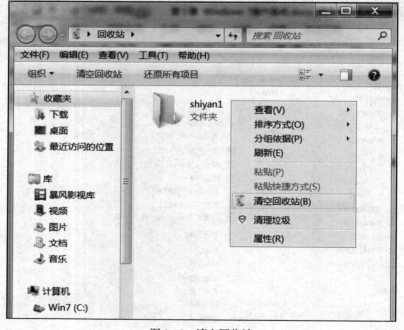

图 3-18　清空回收站

（10）打开目录"D:\kaoshi"，在"资源管理器"的"搜索"框中输入文件名"计算机学院工作安排"，完成文件（夹）的"搜索"操作，如图 3-19 所示。

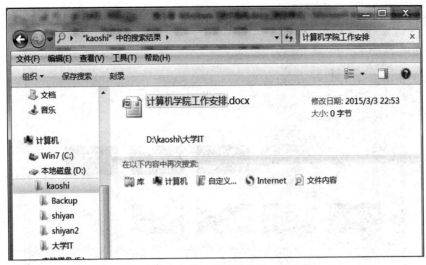

图 3-19　搜索文件"计算机学院工作安排"

3.3.3　实验三

一、实验目的

掌握 Windows 7 控制面板中区域和语言选项设置、定制用户工作环境、用户账户管理等操作。

二、实验要求

（1）在"时钟、语言和区域"设置中，更改时间和日期。

（2）将桌面背景设置为"img0.jpg"图片。

（3）将屏幕保护程序设置为"变幻线"。

（4）创建"user1"用户。

（5）删除"user1"用户。

三、实验过程

1．区域和语言选项设置

在控制面板窗口中单击"时钟、语言和区域"选项图标，即打开"时钟、语言和区域"对话框。

单击"设置时间和日期"选项卡，单击"日期和时间"，修改日期和时间后单击"确定"按钮，完成日期和时间的设置，如图 3-20 所示。

2．定制用户工作环境

（1）设置桌面背景。打开控制面板，单击"外观和个性化"图标，选择"更改桌面背景"选项卡，如图 3-21 所示，选择"img0.jpg"图片，单击"保存修改"按钮。

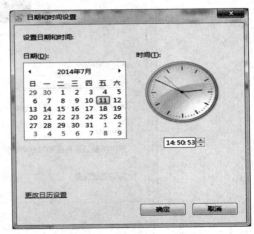

图 3-20　区域设置对话框

（2）设置屏幕保护。打开控制面板，单击"个性化"图标，选择"屏幕保护程序设置"选项，如图 3-22 所示，选择"变幻线"选项，单击"确定"按钮。

图 3-21　桌面背景设置图

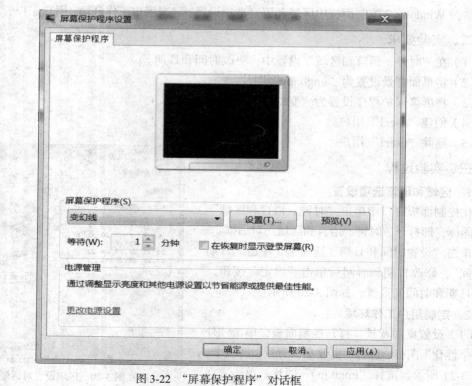

图 3-22　"屏幕保护程序"对话框

（3）更改桌面主题。打开控制面板，单击"外观和个性化"图标，选择"更改主题"选项卡，如图 3-23 所示，可选择任意一个主题，单击"确定"按钮，在此设置里面可以更改计算机视觉效果和声音。

图 3-23　"更改桌面主题"设置对话框

3．用户账户管理

在控制面板中单击"用户账户和家庭安全"→"添加或删除用户账户"，将打开"管理账户"窗口。

（1）创建用户账户。单击"创建一个新账户"，如图 3-24 所示，在打开的"创建新账户"对话框中，输入用户名"user1"，如图 3-25 所示，并选择账户类型，再单击"创建账户"按钮，则创建了该账户。

图 3-24　创建用户账户 1

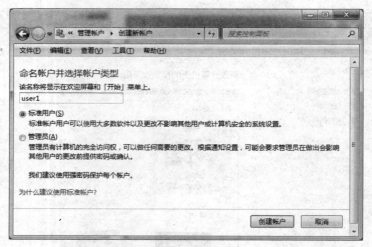

图 3-25　创建用户账户 2

（2）删除用户账户。在"管理账户"页面单击"user1"账户，在"更改账户"界面中选择删除账户，即删除了 user1 用户账户，如图 3-26 所示（在当前账户下无法删除自身账户）。

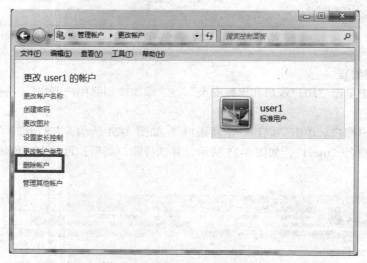

图 3-26　删除"user1"用户账户

3.3.4　综合实验

一、实验要求（假设实验所需文件夹在 H 盘）

（1）在"H:\kaoshi"文件夹下新建一个名为"disk"的文件夹。

（2）在"disk"文件夹下建立一个名为"计算机的历史与发展.xlsx"的 Excel 文件。

（3）在"kaoshi"文件夹范围内查找所有扩展名为".rar"的文件，并将其复制到"disk"文件夹下。

（4）在"kaoshi"文件夹范围查找"help. exe"文件，并在"disk"文件夹下建立它的快捷方式，名称为"个人助手"。

（5）在"kaoshi"文件夹范围查找 Exam3 文件夹，将其删除。

（6）在"kaoshi"文件夹范围查找以"ks"开头，扩展名".txt"的文件，将其移动到"disk"文件夹下，并设置为仅有"只读""隐藏"属性。

二、实验过程

用资源管理器打开"H:\kaoshi"文件夹。

（1）在"H:\kaoshi"文件夹空白处右键单击→"新建"→"文件夹"命令，输入名称"disk"，在空白处单击，完成文件夹"disk"的新建操作，如图 3-27、图 3-28 所示。

图 3-27　新建文件夹操作

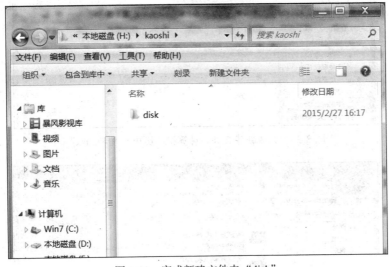

图 3-28　完成新建文件夹"disk"

（2）打开"disk"文件夹，空白处右键单击→"新建"→"Microsoft Excel 工作表"命令，输入名称"计算机的历史与发展"，在空白处单击完成文件"计算机的历史与发展.xlsx"的建立操作，如图 3-29、图 3-30 所示。

（3）打开"H:\kaoshi"文件夹，在资源管理器右上角搜索框内输入"rar"，检索到所有扩展名为".rar"的文件，如图 3-31 所示。选择所有检索到的文件，右键单击→"复制"命令，打开

"disk"文件夹，空白处右键单击→"粘贴"命令，完成文件的复制操作，如图 3-32 所示。

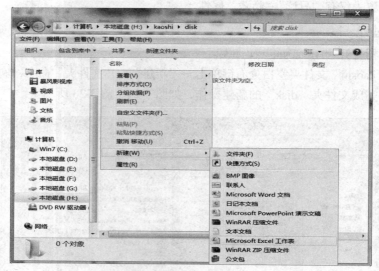

图 3-29　新建 Excel 工作表操作

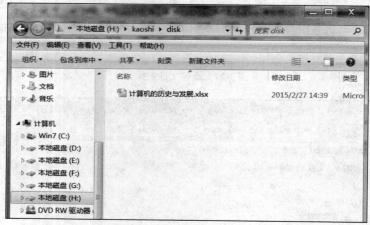

图 3-30　完成新建文件"计算机的历史与发展.xlsx"

图 3-31　检索"kaoshi"文件夹内所有扩展名为".rar"的文件

图 3-32　复制完成

（4）打开"H:\kaoshi"文件夹，在资源管理器右上角搜索框内输入"help. exe"，检索到的结果如图 3-33 所示。

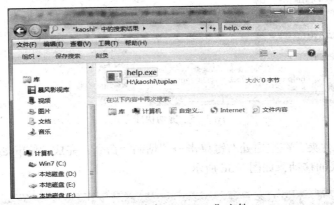

图 3-33　检索"help. exe"文件

右键单击检索结果→"创建快捷方式"命令，如图 3-34 所示。

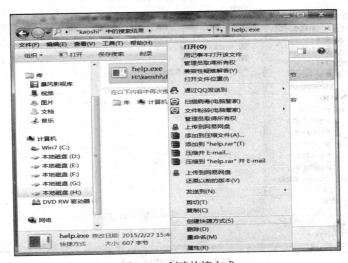

图 3-34　创建快捷方式

由检索结果（见图 3-33）可知，"help. exe"文件在目录"H:\kaoshi\tupian"下，打开目录"H:\kaoshi\tupian"，找到并右键单击"help. exe"文件的快捷方式→"剪切"命令，如图 3-35所示。

图 3-35　剪切快捷方式

打开"disk"文件夹，在空白处右键单击→"粘贴"命令，完成"help. exe"文件在"disk"文件夹下的快捷方式的移动，如图 3-36 所示。

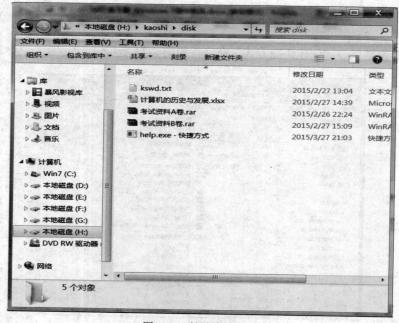

图 3-36　粘贴快捷方式

右键单击文件 "help.exe" 的快捷方式→"重命名" 命令，输入 "个人助手"，完成 "help.exe" 文件在 "disk" 文件夹下的名称为 "个人助手" 的快捷方式的建立，如图 3-37 所示。

图 3-37　完成名为 "个人助手" 的快捷方式的建立

（5）打开 "H:\kaoshi" 文件夹，在资源管理器右上角搜索框内输入 "Exam3"，检索到结果，在检索结果上右键单击→"删除" 命令，如图 3-38 所示。

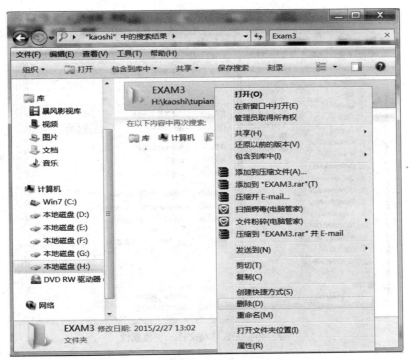

图 3-38　搜索 "Exam3" 并删除

（6）打开 "H:\kaoshi" 文件夹，在资源管理器右上角搜索框内输入 "ks*.txt"，检索到的结果如图 3-39 所示。

在检索结果上右键单击→"剪切" 命令，打开 "disk" 文件夹，在空白处右键单击→"粘贴"

命令，完成将"kaoshi"文件夹范围以"ks"开头，扩展名".txt"的文件，移动到"disk"文件夹下。右键单击该文件→"属性"命令，选择"只读""隐藏"属性，单击"确定"按钮，如图3-40 所示。

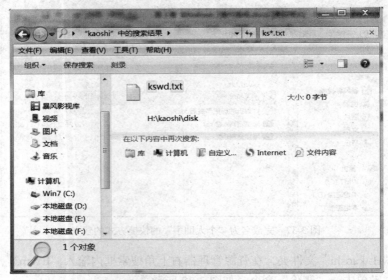

图 3-39　检索以"ks"开头，扩展名".txt"的文件

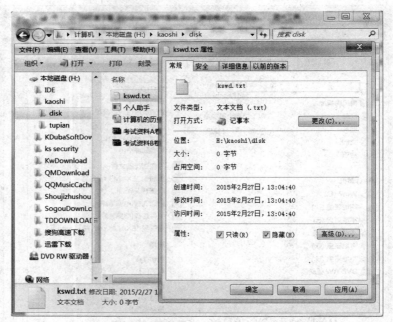

图 3-40　完成移动文件、更改属性

第4章
文字处理软件 Word 2010

4.1　教学要求及大纲

Word 2010 是微软公司的 Office 2010 系列办公组件之一，是目前世界上最流行的文字编辑软件，具有强大的文字处理、图片处理及表格处理功能。

本章主要掌握的知识点如下：

1. 熟练掌握 Word 2010 的界面布局。

2. 掌握 Word 2010 文档编辑的基本方法，撤销与恢复、查找与替换、自动更正、拼写与语法检查的合理使用。

3. 熟练掌握字符与段落的格式化；掌握边框和底纹、项目符号和编号及脚注和尾注的使用；掌握文档的分节、分页和分栏以及版面设计。

4. 掌握编辑表格、表格计算和表格的排版技巧。

5. 掌握插入图形对象、编辑图片和图文混排；掌握浮动式图片和嵌入式图片的区别；熟练进行对象的编辑操作，包括对象的选定、大小改变，对象的移动、复制、组合，对象的格式设置和图片的裁剪及环绕等。

6. 掌握打印预览的方法以及打印的有关设置。

7. 了解域和宏的相关知识。

参考学时：实验 6 学时。

4.2　习　　题

一、单项选择题

1. 在 Word 2010 中，格式刷是实现快速格式化的重要工具，它可以将（　　　）复制到其他文本上。

    A. 字符的批注　　　　　　　　　　B. 字符和段落的格式

    C. 字符的格式，段落格式不行　　　D. 字符和段落的内容

2. 在 Word 2010 表格中，可以利用（　　　）调整列宽。

  A. 滚动条   B. 水平标尺   C. 表格自动套用格式　D. 垂直标尺

3. Word 常用选项组中包括的按钮是（　　　）。

  A. 格式刷   B. 打印预览   C. 自动滚动   D. 建空白文档

4. 在 Word 2010 中，关于嵌入式对象，下列说法中错误的是（　　　）。

  A. 可以与其他对象组合，并实现环绕 B. 嵌入式对象周围的 8 个尺寸控点是实心的

  C. 可以与正文一起排版   D. 只能放置到有文档插入点的位置

5. 在 Word 2010 的打印预览窗口下，用户不可以（　　　）。

  A. 缩小字体填充   B. 设置文档的显示页数

  C. 设置文档的显示比例   D. 设置文档的字体颜色

6. 在 Word 2010 中，执行保存操作时一定不会弹出"另存为"对话框的是（　　　）。

  A. 保存曾保存过的旧文档   B. 全部保存

  C. 保存新建文档   D. 另存曾保存过的旧文档

7. 在 Word 中，如果插入的表格其内外框线是虚线，要想将内外边框线变成实线，可以选定表格区，然后用（　　　）来实现。

  A. "表格"菜单的"虚线"

  B. "表格"菜单的"选中表格"

  C. "开始"选项卡的"段落"选项组中"边框"按钮

  D. "格式"菜单的"制表位"

8. 在 Word 2010 中，要精确调整选定图形的大小，应该用"图片工具"选项卡中"格式"选项组（　　　）中的命令。

  A. 调整   B. 图片样式   C. 大小   D. 排列

9. 在 Word 2010 中，（　　　）用于控制文档在屏幕上的页面显示大小。

  A. 显示比例   B. 缩放显示   C. 页面显示   D. 全屏显示

10. 利用（　　　）用户可以随心所欲地绘制出各种不规则的复杂表格。

  A. "表格"选项组的"插入表格"命令 B. "绘图"工具栏

  C. "快速表格"工具绘制表格   D. "插入"选项卡

11. 在 Word 2010 "页码"设置中，不可以设置（　　　）。

  A. 页码的对齐方式   B. 正文字体

  C. 页码的位置   D. 首页是否显示页码

12. 在 Word 2010 的段落中，除第一行外，其余所有行都缩进一定值的缩进称为（　　　）。

  A. 左缩进   B. 首行缩进   C. 悬挂缩进   D. 右缩进

13. 在 Word 2010 中，关于宏的说法中正确的是（　　　）。

  A. 宏是 Word 中多条命令和指令的集合

  B. 宏录制后不能删除

  C. 宏会像普通应用程序一样生成一个 .exe 文件

  D. 宏不会感染病毒

14. 在 Word 表格中，选定单元格内的文字后，右键单击，从弹出的快捷菜单中选"单元格对齐方式"命令，可设置（　　　）种对齐方式。

  A. 6   B. 4   C. 8   D. 9

15. 欲在当前 Word 文档中插入一个特殊符号，应使用（　　）选项卡。

　　A. 视图　　　　　　　B. 插入　　　　　　　C. 引用　　　　　　　D. 页面布局

16. 在 Word 编辑状态下，选定了整个表格，执行了"表格""布局"的"删除"命令，则（　　）。

　　A. 表格中的一列被删除　　　　　　　　B. 整个表格被删除

　　C. 表格中的一行被删除　　　　　　　　D. 表格中没有被删除的内容

17. 在 Word 2010 中，关于在文档中插入图片，说法错误的是（　　）。

　　A. 插入的图片既不可以嵌入文字字符中间，也不可以浮在文字上方

　　B. 插入的图片可以浮于文字字符上方

　　C. 插入的图片可以嵌入文字字符中间

　　D. 在文档中插入图片，可以使版面生动活泼，图文并茂

18. 在 Word 2010 编辑状态下，将选定的中英文同时设置为不同的字体，应使用（　　）。

　　A. "工具"菜单下的"拼写和语法"命令　　B. "格式"工具栏中"字体"列表框

　　C. "开始"选项卡下的"字体"选项组　　D. "工具"菜单下的"语言"命令

19. 在 Word 2010 中，将插入点定位到要拆开作为第二个表格的第一行上，按（　　）组合键，表格的中间就自动插入了一个空白行，表格也就一分为二了。

　　A. Ctrl+Shift+Enter　　B. Ctrl+Shift　　　　C. Shift+Enter　　　　D. Ctrl+ Enter

20. 在 Word 2010 中，关于环绕方式，下列说法中错误的是（　　）。

　　A. 浮动式对象可以衬于文字之下　　　　B. 嵌入式对象不能与文字进行环绕排版

　　C. 环绕时不可以设置图片距正文的位置　　D. 浮动式对象可以浮于文字之上

21. 在 Word 2010 中，若要在表格中绘制斜线表头，需要打开的选项卡是（　　）。

　　A. 开始　　　　　　　B. 插入　　　　　　　C. 工具　　　　　　　D. 表格

22. 将当前编辑的 Word 文档转存为其他格式的文件时，应使用"文件"选项卡中的（　　）命令。

　　A. 发送　　　　　　　B. 页面设置　　　　　C. 另存为　　　　　　D. 存为

23. 在 Word 2010 中，绘制一文本框，应使用（　　）选项卡。

　　A. 视图　　　　　　　B. 插入　　　　　　　C. 表格　　　　　　　D. 工具

24. 在 Word 2010 中，使用"字数统计"功能不能够完成（　　）。

　　A. 显示当前文档的页数、字数、段落数、行数信息

　　B. 整篇文档的字数统计

　　C. 选定部分内容的字数统计

　　D. 统计脚注和尾注的个数

25. 在 Word 2010 中，关于组合的说法中正确的是（　　）。

　　A. 浮动式对象和嵌入式对象可以组合　　B. 嵌入对象之间可以组合

　　C. 只有浮动对象才能组合　　　　　　　D. 对象组合后不能再分开

26. 在 Word 2010 中，设置"页眉页脚"命令在（　　）选项卡中。

　　A. 插入　　　　　　　B. 格式　　　　　　　C. 视图　　　　　　　D. 编辑

27. 在 Word 2010 中，当输入文档内容到右边界时，插入点会自动移到下一行最左边，这是 Word 的（　　）功能。

　　A. 自动更正　　　　　B. 自动回车　　　　　C. 自动格式　　　　　D. 自动换行

28. 在 Word 2010 的默认状态下，将鼠标指针移到某一行左端的文档选定区，鼠标指针变成

空心的箭头，此时单击鼠标左键，则（　　　）。

    A. 全文被选定　　　　　　　　　　B. 该行被选定

    C. 该行所在的段落被选定　　　　　　D. 该行的下一行被选定

29. 在 Word 2010 中，关于编辑公式对象的说法中正确的是（　　　）。

    A. Word 不能处理公式对象

    B. 单击"插入"选项卡中的"公式"，可以打开公式编辑器

    C. 需从网上下载插件才能输入公式

    D. 可从"绘图"工具中寻找

30. 如果文档很长，用户可以用 Word 提供的（　　　）技术，同时在两个窗口中滚动查看同一文档的不同部分。

    A. 拆分窗口　　　　B. 帮助　　　　　C. 排列窗口　　　　　D. 滚动条

31. Word 2010 的查找、替换功能非常强大，下面的叙述中正确的是（　　　）。

    A. 可以按指定文字的格式进行查找及替换

    B. 不可以指定查找文字的格式，但可以指定替换文字的格式

    C. 不可以按指定文字的格式进行查找及替换

    D. 可以指定查找文字的格式，但不可以指定替换文字的格式

32. Word 2010 提供了（　　　）功能，它能使不均匀的表格变得均匀。

    A. 平均分布各行（各列）功能　　　　B. 表格自动套用格式

    C. 根据窗口调整表格　　　　　　　　D. 根据内容调整表格

33. 在 Word 2010 中，对图形进行更改后按图形工具栏的（　　　）按钮可以还原到最初状态。

    A. 设置透明色　　　B. 压缩图片　　　C. 设置环绕方式　　　D. 重设图片

34. 使用（　　　）创建表格尽管方便快捷，但是在表格行列上有一定的限制。

    A. 手动绘制表格　　　　　　　　　　B. "插入"菜单

    C. "插入"选项卡的"表格"选项组　　D. "表格"菜单命令

35. 打开 Word 文档一般是指（　　　）。

    A. 显示并打印出指定文档的内容

    B. 把文档的内容从磁盘调入内存并显示出来

    C. 为指定的文件开设一个新的、空的文档窗口

    D. 把文档的内容从内存中读入并显示出来

36. 在 Word 2010 中，剪贴画默认的扩展名是（　　　）。

    A. .wmf　　　　　　B. .bmp　　　　　C. .trf　　　　　　D. .jpg

37. 在 Word 2010 中，以下说法中错误的是（　　　）。

    A. 创建页眉和页脚不需要为每一页都进行设置

    B. 用户在使用 Word 内置样式时，有些格式不符合自己排版的要求，可以对其进行修改，甚至删除

    C. 在页面设置"文档网格"选项卡中可以设置分栏数

    D. 在使用"字数统计"对话框时，可以任意选定部分内容进行字数统计

38. 在 Word 2010 中，正确显示页眉和页脚、分栏、批注等各种信息及位置，Word 默认的也是使用最多的视图方式是（　　　）。

    A. 阅读版式视图　　B. 大纲视图　　　C. 普通视图　　　　D. 页面视图

39. 在 Word 中，如果当前光标在表格中某行的最后一个单元格的外框线上，按 Enter 键后（　　）。

　　　A. 光标所在列加宽　　　　　　　　　B. 在光标所在行下增加一行

　　　C. 光标所在行加宽　　　　　　　　　D. 对表格不起作用

40. 在 Word 2010 中，要想插入"索引和目录"，应使用"引用"选项卡中的（　　）命令中。

　　　A. 文本框　　　　　B. 索引或引文目录　C. 域　　　　　　　D. 批注

41. 在 Word 2010 中，对图片对象进行编辑时，首先要选定对象。选择时，用鼠标（　　）该对象即可。

　　　A. 双击　　　　　　B. 单击　　　　　　C. 三击　　　　　　D. 按 Ctrl+A 组合键

42. 在 Word 2010 的编辑状态，当前编辑的文档是 C 盘中 d1.docx，要将该文档复制到软盘，应当使用（　　）。

　　　A. "插入"选项中的命令　　　　　　B. "文件"选项卡中的"另存为"命令

　　　C. "文件"选项中的"新建"命令　　　D. "文件"选项中的"保存"命令

43. 在 Word 2010 中，鼠标移到页面左边选定栏，鼠标指针变成向右的箭头，按住鼠标左键继续向上或向下拖动，可以选定表格中的（　　）。

　　　A. 一行　　　　　　B. 多行　　　　　　C. 多个单元格　　　D. 一个单元格

44. 欲在当前 Word 文档中插入一个特殊符号，应使用（　　）选项卡。

　　　A. 插入　　　　　　B. 视图　　　　　　C. 工具　　　　　　D. 引用

45. 在 Word 2010 中，要为某个段落添加双下画线，可以（　　）。

　　　A. 执行"开始"→"字体"命令，在"字体"对话框中进行设置

　　　B. 执行"开始"→"段落"命令，在"段落"对话框中进行设置

　　　C. 使用"绘图"工具栏绘制

　　　D. 使用"表格和边框"设置

46. 在 Word 2010 中，对多个图形对象进行组合时，需按住（　　）键再依次单击各图形进行选择。

　　　A. Enter　　　　　　B. Alt　　　　　　C. Shift　　　　　　D. F2

47. 在 Word 表格中，若当前已选定了某一行，此时按 Delete 键将（　　）。

　　　A. 对表格不起作用　　　　　　　　　B. 删除选定的这一行

　　　C. 删除表格线但不删除内容　　　　　D. 删除内容但不删除表格线

48. Word 2010 提供了强有力的帮助系统，下面说法中错误的是（　　）。

　　　A. 可以通过 Microsoft Office Oneline 网站获得联机帮助

　　　B. "帮助"系统既能回答用户的问题，也能解决系统自身的各种问题

　　　C. 当遇到问题时，按 F1 即可启动"帮助"窗口

　　　D. 可通过"文件"选项卡中的"帮助"选项启动"帮助"窗口

49. 在 Word 2010 的编辑状态，选择了当前文档中的一个段落，进行"清除"操作（或按 Del 键）则（　　）。

　　　A. 能利用"回收站"恢复被删除的段落　B. 该段落被删除，但能恢复

　　　C. 该段落被移到"回收站"内　　　　　D. 该段落被删除且不能恢复

50. 文本框有（　　）种形式。

　　　A. 4　　　　　　　　B. 3　　　　　　　　C. 1　　　　　　　　D. 2

51. 编辑文本时，如果要删除光标前的一个英文字符或汉字，可以按（　　）键。

    A. Home　　　　　　　B. Delete　　　　　　　C. BackSpace　　　　　　D. PgDn

52. 有关 Word 2010 的分页功能，下面说法中错误的是（　　）。

    A. Word 文档除了自动分页外，也可以人工分页

    B. 用户可以通过 Ctrl+Enter 组合键开始新的一页

    C. 当文档满一页时系统会自动换一新页，并在文档中插入一个硬分页符

    D. 在普通视图下，分页符是一条虚线，按 Delete 键就可以将人工分页符删除

53. 在 Word 2010 文档中，按（　　）键的同时拖动鼠标，可纵向选定一个矩形文本区域。

    A. Shift　　　　　　　B. Ctrl　　　　　　　　C. Alt　　　　　　　　　D. Esc

54. （　　）相当于文档中可能发生变化的数据或邮件合并文档中套用信函、标签中的占位符。

    A. 目录　　　　　　　　B. 域　　　　　　　　　C. 索引　　　　　　　　　D. 数据源

55. 在（　　）对话框中可以精确设定表格的行高和列宽值。

    A. 表格自动套用格式　　　　　　　　　　　B. 表格属性

    C. 拆分单元格　　　　　　　　　　　　　　D. 插入表格

56. （　　）对象可以放置到页面的任意位置，并允许与其他对象组合。

    A. 剪贴画　　　　　　　B. 浮动式　　　　　　　C. 嵌入式　　　　　　　　D. 艺术字

57. 在文档打印前最好进行（　　），防止因为文档设置不合适造成打印浪费。

    A. 打印预览　　　　　　B. 页面设置　　　　　　C. 保存　　　　　　　　　D. 打印

58. 在 Word 2010 中，通常使用（　　）来控制窗口内容的显示。

    A. 控制框　　　　　　　B. 滚动条　　　　　　　C. 最大化按钮　　　　　　D. 标尺

59. 在 Word 2010 中，页码在（　　）选项卡中。

    A. 插入　　　　　　　　B. 格式　　　　　　　　C. 工具　　　　　　　　　D. 视图

60. Word 2010 默认的插入剪贴画和图片的形式是（　　）。

    A. 嵌入式　　　　　　　B. 四周型　　　　　　　C. 紧密型　　　　　　　　D. 浮动式

61. 表格在一页中太大或太小都将影响整个文档的美观，那就需要对表格进行调整，行（列）在手动拖动时就会变得不均匀，Word 2010 为用户提供了（　　）功能，它能使不均匀的表格变得均匀、美观。

    A. 平均分布各行（各列）功能　　　　　　B. 表格自动套用格式

    C. 根据窗口调整表格　　　　　　　　　　D. 根据内容调整表格

62. 在 Word 2010 中，要选定一段文本，可把鼠标移至页面左侧选定栏处（　　）。

    A. 连续三击鼠标左键　　　　　　　　　　B. 单击鼠标左键

    C. 双击鼠标左键　　　　　　　　　　　　D. 单击鼠标右键

63. 以下说法中错误的是（　　）。

    A. 在使用"字数统计"对话框时，可以任意选定部分内容进行字数统计

    B. 创建页眉和页脚不需要为每一页都进行设置

    C. 用户在使用 Word 的内置样式时，有些格式不符合自己排版的要求，可以对其进行修改，甚至删除

    D. 在页面设置的"文档网格"选项卡中可以设置分栏数

64. 编辑文本时，如果要将光标移动到当前行的开始位置，可以按（　　）键。

    A. Shift+Home　　　　B. Ctrl+Home　　　　　C. End　　　　　　　　　D. Home

65. 将文档的一部分文本内容复制到别处，首先要进行的操作的是（　　）。

    A. 复制　　　　　　B. 剪贴　　　　　　C. 选定　　　　　　D. 粘贴

66. 图片对象被选定后，按（　　）键就可以将其删除。

    A. Delete　　　　　B. Alt　　　　　　　C. Shift　　　　　D. Ctrl

67. 使用"开始"选项卡中的（　　）命令，可以设置表格内文字的各种格式。

    A. 段落　　　　　　B. 字体　　　　　　C. 边框和底纹　　　D. 文字方向

68. 在日常工作中经常需要编辑会议通知、录取通知书之类的文档，除了姓名、通信地址等少数内容不同外，文档其他内容完全相同。利用 Word 2010 提供的（　　）功能，可以轻松完成。

    A. 超链接　　　　　B. 模板　　　　　　C. 索引和目录　　　D. 邮件合并

69. 表格的创建方式有（　　）种。

    A. 1　　　　　　　B. 5　　　　　　　C. 4　　　　　　　D. 3

70. 对于修改后的文档，直接单击"保存"按钮或单击"文件"菜单中的"保存"命令后（　　）。

    A. 弹出另存为对话框　　　　　　　　B. 保存在内存中

    C. 直接关闭　　　　　　　　　　　　D. 以原路径和原文件名存盘

71. 在 Word 2010 文档中，以下对文本选定方法中正确的是（　　）。

    A. 按 Ctrl+S 组合键可全文选定

    B. 鼠标单击开始位置，然后按住 Ctrl 键的同时单击结束位置，可选定从开始位置到结束位置

    C. 在一行内任意位置单击鼠标可选定该行

    D. 按 Ctrl+Shift+Home 组合键可从当前位置扩展到选定到文档开头

72. 单击"插入"选项卡中的（　　）命令，可在其级联菜单中插入各种图片。

    A. 图片　　　　　　B. 剪贴画　　　　　C. 绘制新图形　　　D. 自选图形

73. 下列关于模板的说法中错误的是（　　）。

    A. 用户打开 Word 2010 应用程序，实际上模板就自动启用

    B. 用户创建新的模板，首先应排版好一篇文档

    C. 多种模板格式组合形成样式

    D. 模板文档的扩展名为.dot

74. 在 Word 2010 应用程序窗口中，（　　）。

    A. 能打开多个窗口，不能编辑同一个文档

    B. 只能打开一个窗口

    C. 能打开多个窗口，但只能编辑一个文档

    D. 可以若干人在不同的计算机上打开同一个文档

75. 如果认为不应该撤销刚才的操作，用以实现"恢复"的操作不能为（　　）。

    A. 使用 Ctrl+Y 组合键

    B. 单击"快速访问工具栏"中的"恢复"菜单项

    C. 单击快速工具栏中的"恢复"命令按钮

    D. 右键单击鼠标，在弹出菜单中选择"恢复"菜单项

76. 在表格里编辑文本时，选择整个一行或一列后，（　　）就能删除其中的所有文本。

    A. 按 Ctrl+Tab 组合键　　　　　　　B. 单击剪切按钮

    C. 按 Delete 键　　　　　　　　　　D. 按空格键

77. Word 在使用绘图工具绘制的图形中（　　）。
    A. 不能加入任何符号　　　　　　　　B. 不能加入英文
    C. 可以加入文字、英文和其他符号　　D. 不能加入文字

78. 分栏排版可以通过"页面布局"下的（　　）命令来实现。
    A. 分栏　　　　　　B. 首字下沉　　　　C. 段落　　　　　　D. 字符

79. 下面关于样式的说法中错误的是（　　）。
    A. 样式是一系列预先设置的排版命令
    B. 使用样式可以极大地提高排版效率
    C. 为了防止样式被破坏，通常情况下不能修改系统定义的样式
    D. 样式是多个排版命令的组合

80. Word 2010 应用程序中，滚动条上的"选择浏览对象"按钮不可以用来选择下面哪种浏览方式（　　）。
    A. 按表格浏览　　　B. 按图表浏览　　　C. 按视图浏览　　　D. 按节浏览

81. 如果选择的打印方向为"纵向"，则文档将被（　　）打印。
    A. 水平　　　　　　B. 有边框　　　　　C. 垂直　　　　　　D. 以三维方式

82. 在 Word 2010 文档编辑中，要想实现图文混排，必须首先（　　）。
    A. 选取一段含有图形的文字　　　　　B. 使图片为浮动方式
    C. 选取一个图形　　　　　　　　　　D. 选取一段文字

83. 下面的度量单位中不用在段落的缩进和间距中的是（　　）。
    A. 字符　　　　　　B. 分　　　　　　　C. 厘米　　　　　　D. 磅

84. Word 2010 不提供对（　　）进行正确性检查。
    A. 单词　　　　　　B. 汉语词汇　　　　C. 字符　　　　　　D. 句子的时态

85. 改变单元格背景的颜色，可使用（　　）。
    A. "表格工具"中的"底纹"命令　　　B. "表格工具"中的"边框"命令
    C. "表格"选项中的"表格属性"命令　D. "开始"中的"段落"命令

86. 在 Word 2010 编辑状态下绘制图形时，文档应处于（　　）。
    A. 大纲视图　　　　B. 主控文档　　　　C. 页面视图　　　　D. 普通视图

87. 下面关于页眉和页脚的叙述中正确的是（　　）。
    A. 页眉和页脚不能被删除
    B. 编辑文档时，单击页眉和页脚，然后按 Delete 键便可以删除它们
    C. 删除页眉或页脚就可以将它们删除
    D. 页眉和页脚中的文字不可以进行格式排版

88. 下面的设置中，不能应用在"底纹"的是（　　）。
    A. 图案样式　　　　B. 颜色设置　　　　C. 应用范围　　　　D. 艺术型

89. 当 Word 2010 的"开始"选项卡中的剪切和复制按钮呈灰色状态表示（　　）。
    A. 选定的内容太大了　　　　　　　　B. 文档中没有任何选定的内容
    C. 选定的内容是页眉或者页脚　　　　D. 剪切板已经满了

90. 下面（　　）选项不在"表格"对话框中"自动调整操作"选项下。
    A. 固定列宽　　　　　　　　　　　　B. 根据窗口调整表格
    C. 固定行宽　　　　　　　　　　　　D. 根据内容调整表格

91. 退出数学公式环境只要单击（　　　）就行了。

    A. 关闭"公式"选项组　　　　　　　　B. 数学公式内容

    C. 数学公式工具栏　　　　　　　　　D. 正文文本编辑

92. 对文字或者段落添加边框时，对边框不能设置的是（　　　）。

    A. 颜色　　　　　　B. 尺寸　　　　　　C. 线形　　　　　　D. 宽度

93. 在 Word 2010 中选取一矩形文本的操作为（　　　）。

    A. 按住 Ctrl 键的同时，按住鼠标拖动　　B. 按住 Alt 键的同时，按住鼠标拖动

    C. 同时按 Ctrl 键和 Alt 键，按住鼠标拖动　D. 直接按住鼠标拖动

94. 在 Word 2010 中，需要每一页的页码放在页底部右端，正确的命令是（　　　）。

    A. "插入"选项中的"页码"　　　　　　B. "页面布局"中的"页面设置"

    C. "引用"中的"目录"　　　　　　　　D. "插入"中的"符号"

95. 在 Word 2010 文档编辑中，要绘制一个正圆时，则需要（　　　）。

    A. 按住 Ctrl 键并左拖动鼠标　　　　　B. 按住 Shift 键并按住左键拖曳鼠标

    C. 按住 Alt 键并左拖动鼠标　　　　　　D. 按住左键拖曳鼠标拖动鼠标

96. 下列说法中正确的是（　　　）。

    A. 使用 BackSpace 键可以删除光标后的一个英文字符或汉字

    B. 使用↑可以上移一个段落

    C. 使用 End 键可以将鼠标移到当前行的尾部

    D. 使用 Delete 键可以删除光标前的一个英文字符或汉字

97. 编辑 Word 2010 文档的时候，设置行间距的操作是在（　　　）对话框中进行。

    A. 段落　　　　　　B. 字体　　　　　　C. 边框和底纹　　　　D. 分栏

98. 在 Word 2010 应用程序中，单击（　　　）菜单命令后，将引出一个与命令相关的对话框。

    A. 命令前面有图标的　　　　　　　　B. 命令为灰色的

    C. 命令后面带有"…"的　　　　　　　D. 命令后面带有黑三角的

99. 在 Word 2010 中，使用"查找与替换"功能不能完成的操作是（　　　）。

    A. 修改文档　　　B. 定位文档　　　C. 格式化特定的单词　D. 统计文档字符个数

100. 当显示了水平标尺而未显示垂直标尺时，欲使垂直标尺也显示出来，正确的操作为（　　　）。

    A. 将页边距放大

    B. 选择"视图"中的"标尺"选项

    C. 双击水平标尺

    D. 选择"视图"中的"文档视图"选项

101. Word 插入点是指（　　　）。

    A. 当前光标的位置　　　　　　　　　B. 出现在页面的左上角

    C. 文字等对象的插入位置　　　　　　D. 在编辑区中的任意一个点

102. 在 Word 的编辑状态，要想为当前文档中的文字设定上标、下标效果，应当在（　　　）对话框中设置。

    A. 字体　　　　　　B. 段落　　　　　　C. 页面设置　　　　　D. 分栏

103. 在 Word 的绘图工具栏上选定矩形工具，按住（　　　）键可绘制正方形。

    A. Ctrl　　　　　　B. Alt　　　　　　C. Shift　　　　　　D. Enter

104. 当用户在 Word 中输入文字时，在（　　　）模式下，随着输入新的文字，后面原有的文字将会被覆盖。

    A. 插入   B. 改写   C. 自动更正   D. 断字

105. 在 Word 窗口的编辑区，闪烁的一条竖线表示（　　　）。

    A. 鼠标图标   B. 光标位置   C. 拼写错误   D. 按钮位置

二、多项选择题

1. 要退出 Word 2010，可以（　　　）。

    A. 单击窗口左上角的控制图标

    B. 单击窗口左上角的控制图标，再单击"关闭"命令

    C. 单击窗口右上角的"×"

    D. 双击窗口左上角的控制图标

    E. 单击"文件"中的"退出"

2. 字体格式设置中，包括（　　　）。

    A. 删除线   B. 字号   C. 字形   D. 下画线

    E. 字体颜色

3. 在 Word 2010 中，关于文本框的说法中正确的是（　　　）。

    A. 可以设置背景   B. 可以倾斜   C. 分为水平和垂直两种

    D. 可以更改边框颜色   E. 可以嵌入到正文中

4. 下列操作中，能在 Word 中插入表格的是（　　　）。

    A. 利用绘图工具栏绘制

    B. 使用绘制表格工具画出一个表格

    C. 单击"插入"中的"表格"按钮

    D. 单击"表格"选项组中的"插入表格"命令

    E. 选择一部分有规则的文本之后，单击"表格"菜单中的"将文本转换为表格"命令

5. 下面是字处理软件的有（　　　）。

    A. WPS   B. Microsoft Word 2010

    C. Windows   D. DOS

6. Word 文档定位方法包括（　　　）。

    A. 使用"编辑"菜单中的"定位"命令来进行文档相关目标的定位

    B. 使用键盘命令或快捷键

    C. 使用鼠标进行定位

    D. 使用滚动条定位

    E. 使用"编辑"菜单中的"查找"命令来进行文档相关目标的定位

7. 在 Word 2010 中，以下关于表格中斜线的说法中正确的是（　　　）。

    A. 从一个单元格的一角可画出两条以上的斜线

    B. 在有斜线的单元格中，可直接输入文本，而文本会自动避开斜线

    C. 在有斜线的单元格中，为使文本不在斜线上，应将插入点放在文本前，再按 Space 键

    D. 表格中斜线表头中的文字可以在"插入斜线表头"中设置

    E. 从一个单元格的一角只能画出一条斜线

8. 在 Word 2010 中，单击"文件"菜单中"打开"命令后，可以打开指定文件的方式有（　　　）。

  A. 用鼠标右键单击指定文件，再选择快捷菜单中的"打开方式"命令

  B. 用鼠标单击指定文件

  C. 用鼠标双击指定文件

  D. 用鼠标右键单击指定文件，再选择快捷菜单中的"打开"命令

  E. 用鼠标单击指定文件，再单击口"打开"按钮

9. 在 Word 2010 中，可以针对节进行格式设置，这些节格式设置包括（　　　）。

  A. 纸张大小或方向　　B. 页边距　　　　　C. 分栏　　　　　　D. 页码编排

  E. 页面边框

10. 在 Word 2010 中，插入一个自选图形后用户可以对哪些方面进行重新设置（　　　）。

  A. 填充色　　　　　B. 不能再重新设置　C. 三维效果　　　　D. 线条色

  E. 阴影

11. Word 2010 中格式化表格的方法有（　　　）。

  A. 使用"插入"选项　　　　　　　　　B. 使用"表格属性"对话框

  C. 使用绘图工具栏　　　　　　　　　　D. 使用"表格自动套用格式"

  E. 使用"绘制表格"命令

12. 下列关于文本框的说法中正确的是（　　　）。

  A. 文本框内文本到边框的间距不能调整　B. 文本框内文本的字体字号均可以不同

  C. 文本框内能编辑公式　　　　　　　　D. 文本框不能设置填充颜色

  E. 文本框可分为水平和垂直两种类型

13. 在 Word 2010 中，在已有表格右侧增加一列的正确操作是（　　　）。

  A. 选中表格的右列，再依次从菜单中选择"表格"→"插入"→"列（在右侧）"命令

  B. 单击表格最右列中任意一个单元格，右键单击在快捷菜单中选择"插入表格"

  C. 单击表格最右列中任意一个单元格，右键单击在快捷菜单中选择"插入列"

  D. 单击表格最右列中任意一个单元格，再依次从菜单中选择"表格"→"插入"→"列（在右侧）"命令

  E. 选中表格的最右列，右键单击在快捷菜单中选择"插入列"

14. 在 Word 2010 中，下列可以显示任务窗格的操作有（　　　）。

  A. 使用 Ctrl+F1 快捷键　　　　　　　B. 使用 Alt+F1 快捷键

  C. 双击编辑区的任意空白位置　　　　　D. 单击"视图"下的"导航窗格"命令

  E. 右键单击任务栏空白处

15. 在 Word 2010 中，下列（　　　）方法可快速打开最近编辑过的文档。

  A. 单击"文件"中的"最近使用的文档"子菜单下列出的文档

  B. 单击"快速工具栏"下"打开最近使用的文件"

  C. 单击"常用"工具栏上的"打开"按钮

  D. 使用 Ctrl+O 快捷键

  E. 单击"文件"菜单中的"打开"命令

16. 关于 Word 2010 的打印设置，包括的功能有（　　　）。

  A. 按纸张大小缩放打印　　　　　B. 打印到文件　　　C. 选择打印机

  D. 设置页面范围　　　　　　　　E. 手动双面打印

17. 在 Word 2010 中，常用的插入图片的途径有（　　　）。
    A. 剪贴画　　　　　　B. 来自文件　　　　　C. 自选图形　　　　　D. 图表
    E. 组织结构图

18. 在 Word 2010 中，如果要输入键盘上没有的特殊符号或难检字，可以通过（　　　）方法来实现。
    A. 单击"插入"选项卡中的"符号"　　　　B. 单击"符号"项目组的"符号"命令
    C. 使用普通键盘上的组合键　　　　　　D. 使用软键盘
    E. 使用"审阅"中的"拼写和语法"

19. 在 Word 2010 中，下列选定方法中，在选定后再选择"组合"命令，可组合成一个图形的是（　　　）。
    A. 按住 Ctrl 键依次单击每个图形，可以同时选定需要组合的图形
    B. 在绘图画布中，按住鼠标左键拖动，选中的全部图形就会被框在一个矩形中
    C. 依次单击每个图形，可以同时选定需要组合的图形
    D. 按住 Shift 键依次单击每个图形，可以同时选定需要组合的图形
    E. 在绘图画布中的图形自动就会组合在一起，不需要选定

20. 在 Word 2010 中，可以快速选定整篇文档的快捷键是（　　　）。
    A. Ctrl+Shift+Home　　　　　　　　　B. Ctrl+A
    C. Shift+↑（↓）方向键　　　　　　　　D. Ctrl+Shift+End
    E. Ctrl+5（数字小键盘上的数字键 5）

21. 在 Word 2010 中，关于表格行和列的删除，下列说法中正确的是（　　　）。
    A. 右键单击选定的行或列，在弹出的快捷菜单中选"删除行（列）"命令可删除行或列
    B. 单击"表格"菜单中的"删除"命令，可删除行和列
    C. 快捷菜单中的"剪切"命令和"删除行（列）"命令功能完全相同
    D. 右键单击选定的行或列，在弹出的快捷菜单中选"剪切"命令可删除行或列
    E. 表格中的行和列删除后，不可以再恢复

22. 在 Word 2010 的"段落"对话框中，下面哪种分页方式是 Word 中提供的（　　　）。
    A. 与下段同页　　　　B. 段后分页　　　　　C. 段前分页　　　　　D. 段中不分页
    E. 孤行控制

23. 在 Word 2010 中，在打印预览窗口中可以（　　　）。
    A. 打印　　　　　　　B. 预览双页　　　　　C. 全屏显示　　　　　D. 设置页宽
    E. 预览单页

24. 在 Word 2010 的"表格属性"对话框中，可以设置（　　　）。
    A. 表格的对齐方式　　　　　　　　　　B. 选定行（列）的高度（宽度）
    C. 表格与文字的环绕　　　　　　　　　D. 选定单元格的宽度
    E. 内部文字的水平、垂直对齐方式

25. 在 Word 2010 的"打印预览"状态下，正确的是（　　　）。
    A. 此时能进行文字处理　　　　　　　　B. 此时能改变显示比例
    C. 此时能调整页边距　　　　　　　　　D. 此时能显示出标尺
    E. 可以进行多页预览

26. Word 2010 的视图方式有（　　）。
　　A. 阅读版式视图　　　　B. Web 版式视图　C. 大纲视图　　　　D. 草稿
　　E. 页面视图

27. 下面（　　）使用了域功能。
　　A. 索引和目录　　　　B. 邮件合并　　　C. 页码　　　　D. 剪贴画
　　E. 页眉和页脚

28. Word 2010 为用户提供了平均分布各行（各列）的功能，可以通过以下（　　）方法来实现。
　　A. 单击"表格工具"中的"布局"选项组的分布行（列）
　　B. 单击"表格工具"中的"布局"选项组"自动调整"按钮，从其级联菜单中选择命令
　　C. 右键单击选定的多行或多列，从弹出的快捷菜单中选择"平均分布各行（各列）"命令
　　D. 单击"绘图"工具栏上的快捷按钮
　　E. 右键单击选定的整个表格，从弹出的快捷菜单中选择"平均分布各行（各列）"命令

29. Word 2010 中，利用"引用"可以生成（　　）。
　　A. 目录　　　　B. 引文目录　　　C. 脚注　　　　D. 页眉和页脚
　　E. 文档的索引

30. 在 Word 2010 中，关于段落缩进和间距的度量单位，下列说法中正确的是（　　）。
　　A. 度量单位的设定可以通过"工具"菜单中的"选项"命令，选择"常规"选项卡
　　B. 间距的度量单位通常是"行"或"磅"
　　C. 缩进的常用量度单位主要有 3 种：厘米、磅和字符
　　D. 两者的度量单位中都没有像素
　　E. 两者的度量单位都是厘米、磅

31. 以下操作可选定整篇文档的是（　　）。
　　A. 鼠标移至左选定栏，快速三击　　　　　B. 使用 Ctrl+5（数字小键盘上的）
　　C. 鼠标移至左选定栏，按住 Ctrl 键的同时单击鼠标
　　D. 先用鼠标在文档起始位置单击一下　　E. 使用 Ctrl+A 组合键

32. 在 Word 2010 中，可以用（　　）创建表格。
　　A. 使用"插入"中的"表格"命令　　　　B. 使用快速工具栏的"绘制表格"
　　C. 使用插入菜单　　　　　　　　　　　D. 使用"表格"选项组的"快速表格"
　　E. 使用自选图形

33. Word 2010 的主要功能有（　　）。
　　A. 支持 XML 文档　　B. 图形处理　　　C. 表格处理　　　　D. 版式设计与打印
　　E. 创建、编辑和格式化文档

34. 在 Word 2010 中，关于制表位的有关说法中正确的是（　　）。
　　A. 若要设置精确的度量值，可通过"段落"对话框的"中文版式"中"制表位"按钮
　　B. 要删除制表位，用鼠标按住制表位，脱离标尺栏释放鼠标即可
　　C. 常见的制表符有左对齐制表符、右对齐制表符、居中制表符、小数点对齐制表符和竖线对齐制表符
　　D. Word 中默认的制表符是 4 个字符
　　E. 制表位的位置不能移动

35. 在 Word 2010 中的浮动式对象（　　　）。

　　A. 只能放置到有文档插入点的位置　　　B. 可以与正文实现多种形式的环绕

　　C. 不可以与正文一起排版　　　　　　　D. 允许与其他对象组合

　　E. 可放置到页面的任意位置

36. 在 Word 2010 文档中选定文本后，移动该文本的方法可以（　　　）。

　　A. 使用鼠标右键拖放　　　　　　　　　B. 使用剪贴板

　　C. 使用"查找"与"替换"功能　　　　　D. 使用键盘控制键

　　E. 使用鼠标左键拖放

37. 删除一个图片的正确操作方法有（　　　）。

　　A. 选定图片，把鼠标的光标放在图片上单击右键，再单击"删除"命令

　　B. 无须选定图片，直接按 Delete 键

　　C. 选定图片并在出现选择柄时，按 Backspace 键

　　D. 选定图片并在出现选择柄时，按 Delete 键

　　E. 选定图片并在出现选择柄时，单击"剪切"命令

38. 调节页边距的方法有（　　　）。

　　A. 用"页面设置"选项组　　　　　　　B. 用"段落"选项组

　　C. 用"字体"对话框　　　　　　　　　D. 调整标尺

　　E. 调整左右缩进

39. 下列说法中，（　　　）是 Word 2010 具备的功能。

　　A. 能编辑复杂的数学公式、声音及图形　B. 提供了自动拼写检查功能

　　C. 能进行表格的编辑操作　　　　　　　D. 能编辑处理格式文档

　　E. 能将工作表中的数据作为数据清单，进行排序

40. 在 Word 2010 中能把选中的对象复制到剪贴板的操作是（　　　）。

　　A. 使用键盘上的 Alt+Print 组合键　　　B. 使用键盘上的 Print 键

　　C. 单击"开始"选项卡中的"复制"命令 D. 按键盘上的 Ctrl+C 组合键

　　E. 右键单击选定对象，在快捷菜单中选择"复制"按钮

41. Word 2010 文档的段落对齐方式包括（　　　）。

　　A. 整体对齐　　　B. 居中对齐　　　C. 两端对齐　　　D. 右边对齐

　　E. 左边对齐

42. 在设置图片格式对话框，有多种水平对齐方式，其中包括（　　　）。

　　A. 右对齐　　　　B. 居中　　　　C. 分散对齐　　　D. 左对齐

　　E. 两端对齐

43. 在 Word 2010 中，提供了绘图功能，用户可根据需要绘制自己所需的图形，下面说法中正确的是（　　　）。

　　A. 可以给自己绘制的图形设置立体效果

　　B. 多个图形重叠时，可以设置它们的叠放次序

　　C. 多个嵌入式对象可以组成一个对象

　　D. 可以在绘制的矩形框内添加文字

　　E. 不能衬于文字下方

三、判断题

1. 在 Word 2010 中，给文字加拼音、制作带圈文字应选择"开始"选项卡的"字体"对话框。（　　　）

2. 在 Word 2010 中，在各种中文输入法之间切换，按 Shift+1 组合键即可。（　　　）

3. 在 Word 2010 中，艺术字默认的插入形式是嵌入式。（　　　）

4. 在 Word 2010 中，可以用 F10 功能键打开"文件"菜单。（　　　）

5. 在 Word 2010 中，要在多处使用同一格式，双击"格式刷"工具按钮，即可在多处反复使用。（　　　）

6. 在 Word 2010 中，图片的环绕方式只有 5 种。（　　　）

7. 在 Word 2010 中，用鼠标拖动可精确调整行高或列宽。（　　　）

8. 在 Word 2010 中，在录制宏时只能停止不能暂停。（　　　）

9. 在 Word 2010 中，要把简体中文改为繁体中文，可以通过"开始"选项卡中"字体"命令来完成。（　　　）

10. 在 Word 2010 中，使用"表格工具"选项卡中的"布局"选项组中的"重复标题行"命令，可以设置跨页表格的标题。（　　　）

11. 在 Word 2010 中，宏在默认情况下保存于 Normal 模板中（　　　）

12. 在 Word 2010 中，可以使用键盘对嵌入式图片的位置进行微调。（　　　）

13. 在 Word 中，可以将文本框当作图形来处理。（　　　）

14. 在 Word 中，表格拆分是指将原来的表格从某两列之间分为左、右两个表格。（　　　）

15. 在 Word 中，要实现段落的左缩进，可以利用"页面布局"选项卡中的"页面设置"对话框进行设置。（　　　）

16. Microsoft Office 2010 可以从网站的链接 Microsoft Office Online 获得 Office 2010 的帮助。（　　　）

17. 在 Word 中，当插入点在表格的最后一个单元格时，若按 Tab 键则会为表格新增一列。（　　　）

18. 在 Word 2010 表格中，只有合并以后的单元格才可以进行拆分。（　　　）

19. 在目标文件中插入一个对象的链接，实际只是插入了对象的一个映像。（　　　）

20. 在一个 Word 文档中，如果加入了页码，则首页必须显示页码。（　　　）

21. Word 文档中的分页符都可以删除。（　　　）

22. 要在 Word 2010 允许同时插入多张图片，只需在"插入图片"对话框中，按住 Ctrl 键或 Shift 键选择多个图片文件，单击"插入"按钮即可。（　　　）

23. 在 Word 2010 中，当域和数据源的链接被解除后，域结果将转变为静态的普通文本。（　　　）

24. 在 Word 2010 中，段落是指文档中两次 Enter 键之间的所有字符，不包括段后的回车符。（　　　）

25. 在 Word 2010 中，应用自动套用格式后，表格格式不能再进行任何修改。（　　　）

26. Word 的空白文档就是一种模板。（　　　）

27. 任务窗格在 Word 的其他版本中也有。（　　　）

28. 用户不能把从网上得的图片插入 Word 2010 文档中。（　　　）

29. 在 Word 2010 中，在打印预览窗口中，不可以对文档进行编辑。（　　　）

30. 在 Word 2010 中，不可以将文本框当作图形来处理。（　　　）

31. 在 Word 2010 中，可右键单击选项卡或选项组的任意位置，在弹出的快捷菜单中自定义快速访问工具栏。（　　　）

32. 在 Word 2010 中，在"打印"对话框中可设置只打印光标插入点所在的页。（　　　）

33. 在 Word 2010 中，悬挂缩进指的是段落中除第一行以外的其余行的缩进量。（　　　）

34. Word 2010 主程序窗口右上角包含了"最大化""还原"和"关闭"3 个按钮。（　　　）

35. 阅读版式视图和大纲视图状态下，是不能显示页眉和页脚的，只有在页面视图和打印预览视图状态下才能显示页眉和页脚。（　　　）

36. 编辑的 Office 文档必须先保存后关闭，若未保存直接按关闭按钮，则文档中所有的内容将不复存在。（　　　）

37. 嵌入式对象不能放置到页面的任意位置，只能放置到文档插入点的位置。（　　　）

38. 在全角中文标点符号输入状态下，使用 Shift+4（大键盘上的键）可以得到符号"￥"。（　　　）

39. 多次使用格式刷复制格式，操作时需要先双击"开始"选项卡上的"格式刷"按钮；停止使用格式刷，可以再次单击"格式刷"按钮或者按下键盘上的 Esc 键。（　　　）

40. Word 2010 文档中插入的图片可以根据需要将图片四周多余的部分裁减掉。（　　　）

41. Word 具有很强的文档保护功能，可以做到为文档设置口令，并当用户忘记口令时，将不能打开文档。（　　　）

42. Word 文档中，能看到的所有的一切都可以打印出来。（　　　）

43. 在 Word 2010 中，一个对象可以被多次复制，复制只能使用"复制"与"粘贴"的方法实现。（　　　）

4.3　实验操作

4.3.1　实验一

一、实验目的

（1）掌握 Word 2010 的启动和退出；

（2）掌握 Word 2010 的基本操作，包括文档的创建、文字录入、文本的编辑及保存；

（3）文档中文本的复制、移动、删除；

（4）掌握文本的查找与替换方法；

（5）学会在文档中插入公式。

二、实验要求

（1）正确启动 Word 2010，打开实验素材"哈佛大学.docx"。

（2）将文本"后来，美国取消了基督宗教的专制"复制到文档最后，另起一段。

（3）将文本"一份最早期的文献—1642 年的学院法例写道"开始的段移动到"哈佛早期的校训是'真理'（Veritas，1643 年）……"开始的段之前，并另起一段。

（4）删除本文档中的空行。

（5）在文档的最后输入如下数学公式：$S_{ij} = \sum_{k-1}^{n} \alpha_{ik} \times \beta_{kj}$

（6）将文中"哈佛"替换成蓝色、粗体的"哈弗"。

（7）将实验素材库中的文件"彩电销售统计表.docx"的内容插入到"Word 学习.docx"文件的尾部。

（8）将文件另存为"Word 实验 1.1.docx"，保存在 D 盘下。

三、实验步骤

1. 启动 Word 2010

方法 1：单击"开始"→"程序"→"Microsoft Office 2010"→"Microsoft Word 2010"。

方法 2：双击桌面上 Word 快捷方式图标。

方法 3：右键单击 Word 文档，选择"打开"命令，启动 Word 并打开实验素材文件。

方法 4：双击实验素材文档"哈佛大学.docx"，启动 Word 并打开实验素材文件。

2. 文本的复制

方法 1：选定文本"后来，美国取消了基督宗教的专制"这一段，单击"开始"选项卡→"剪贴板"选项组→"复制"按钮，将光标插入到"5. 学习时的苦痛是暂时的，未学到的痛苦是终生的"的后面，按 Enter 键，单击"开始"选项卡→"剪贴板"选项组→"粘贴"按钮。

方法 2：选定文本"后来，美国取消了基督宗教的专制"这一段，右键单击在快捷菜单中选择"复制"命令，将光标定位到文档最后，右键单击快捷菜单中的"粘贴"命令。

3. 文本的移动

方法 1：选定文本"一份最早期的文献—1642 年的学院法例写道"开始的段，直接拖动到"哈佛早期的校训是"真理""之前，按 Enter 键另起一段。

方法 2：选定文本"一份最早期的文献—1642 年的学院法例写道"开始的段，"开始"选项卡→"剪贴板"选项组→"剪切"按钮，将光标定位到"哈佛早期的校训是"真理"开始的段之前，单击"开始"选项卡→"剪贴板"选项组→"粘贴"按钮。

 温馨提示

　　（1）要将已有的文档内容插入当前的文档中，可以先打开要插入的文档，然后选中要插入的文档内容，利用剪贴板将其插入当前文档中。

　　（2）对于局部文本的移动或复制，还可以使用拖动鼠标的方法。

4. 删除空行

选定一个空行，按住 Ctrl 键，依次选定其余空行，按 Delete 键。

5. 公式的输入

（1）选择"插入"选项卡，单击"符号"组中的"公式"按钮，则在插入点处出现显示文字为"在此处键入公式"的公式编辑框，功能区中显示"公式工具"下的"设计"选项卡。

（2）单击"结构"组中的"上下标"按钮，在打开的下拉列表中选择"下标"，此时公式编辑框中出现两个虚线框，在左、右框中分别输入"S"和"ij"；然后单击公式右侧输入"="。

（3）单击"结构"组中的"大型运算符"下拉按钮，在下拉列表中选择上下带虚框的求和符号，然后将光标置于相应的文本框中，分别输入"n""k-1"；将光标置于右侧虚框内，单击"结构"组中的"上下标"按钮，在打开的下拉列表中选择"下标"。

（4）单击"符号"组中的"其他"按钮，打开"基础数学"下拉列表框，单击"基础数学"

下拉按钮，打开如图 4-1 所示的下拉列表，从中选择"希腊字母"，再出现的符号中选择"α"，在其右侧下标框输入"ik"，将光标置于公式结束处。

（5）在"基础数学"下拉列表中选择乘号，同样的方法再插入 β 及其下标，完成公式的输入，如图 4-2 所示。

（6）单击公式编辑处以外的任意位置，退出公式编辑环境。

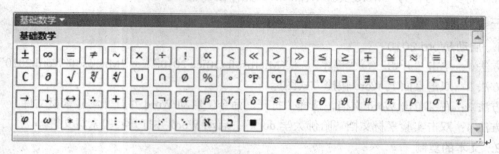

图 4-1　"基础数学"下拉列表

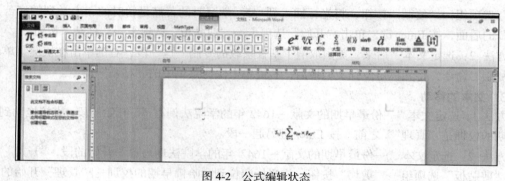

图 4-2　公式编辑状态

6. 文本的查找与替换

（1）将插入点至于文档最开始处（查找替换的范围为全文）。

（2）选择"开始"选项卡，单击"编辑"中的"替换"按钮，打开"查找与替换"的对话框。在"查找内容"文本框和"替换为"文本框中分别输入"哈佛"和"哈弗"。单击"更多"按钮，可展开"查找和替换"对话框，显示更多选项。将光标定位在"替换为"文本框中，单击"格式"按钮，在弹出的菜单中选择"字体"命令（见图 4-3）。打开"替换字体"对话框，在"字体颜色"下拉表中选择"标准色"中的"蓝色"，字形"加粗"（见图 4-4）。单击"确定"按钮，返回到"查找与替换"对话框。

7. 文件内容的插入

（1）将插入点置于文档的末尾。

（2）选择"插入"选项卡，单击"文本"选项组中的"对象"下拉按钮，选择"文件中的文字"命令，打开"插入文件"对话框，从中选择"彩电销售统计表.docx"文件，然后单击"插入"按钮。

8. 文档的保存

单击"文件"选项卡→"另存为"命令，在保存目录中选择 D 盘，在文件名中输入"Word 实验 1.1.docx"，单击"保存"按钮。

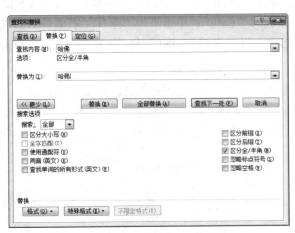

图 4-3 "查找与替换"对话框   图 4-4 "替换字体"对话框

温馨提示

　　　　若文件不需要更改保存的位置、文件名称或文件类型，则可直接单击"快速访问工具栏"上的"保存"按钮 ■ 进行保存，或直接单击标题栏右端的"关闭"按钮，在打开的提示是否保存的对话框单击"是"按钮，完成文档的保存。

4.3.2 实验二

一、实验目的

（1）正确设置字符格式、段落格式；

（2）掌握格式刷的使用方法；

（3）设置项目符号和编号；

（4）掌握边框和底纹的设置方法。

二、实验要求

（1）打开实验素材文件夹中的"计算器的发展与起源.docx"文件。

（2）将"最早的计算工具诞生在中国"开始的段设置为华文仿宋、三号、蓝色、字符间距加宽 2 磅。

（3）将第三段段前、段后都设为 3 磅，行间距设为 24 磅，两端对齐，设置首行缩进 2 个字符。

（4）将正文中的"计算器"设为绿色、加粗、倾斜、四号字，使用格式刷将文中其他几处也改为上述格式。

（5）将文中第 1 段文字设置 15% 的淡蓝色底纹和双线型 0.5 磅深蓝色的边框，给整个页面加上艺术型边框（款式自定）。

（6）以"Word 实验 1.2.docx"为文件名，另存为 D 盘下。

三、实验步骤

（1）打开实验素材文件夹中的"计算器的起源与发展.docx"

（2）对字符进行格式化。

选定"最早的计算工具诞生在中国"一段，单击"开始"选项卡，在选项卡中（见图 4-5），选择字体为"华文仿宋体"，字号为"三号"，颜色为"蓝色"；单击下方"字体"右侧的对话框按钮，打开"字体"的设置，选择"高级"选项，设置字符"间距"为"加宽""2 磅"，单击"确定"按钮，如图 4-6 所示。

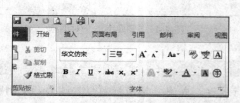

图 4-5 "开始"选项卡"字体"选项组

图 4-6 "字体"对话框

（3）段落操作。选定第三段，单击"开始"选项卡→"段落"选项组（见图 4-7），单击打开"段落"对话框（见图 4-8），在间距中设置段前、段后各 3 磅，在行距中选"固定值"，并将磅值设为 24 磅，在"对齐方式"中选择"两端对齐"，在"特殊格式"中选"首行缩进"，单击"确定"按钮。

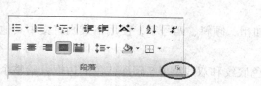

图 4-7 "段落"选项卡

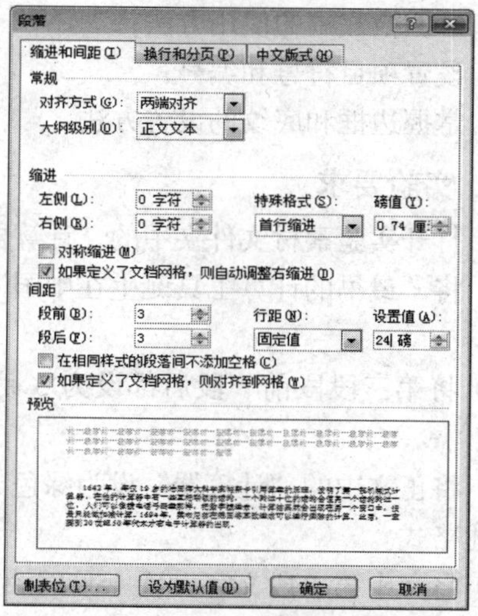

图 4-8 "段落"设置对话框

（4）"格式刷"的使用。

选定"计算器"，单击"开始"选项卡→"字体"选项组，设置"字形"为"加粗、倾斜"，颜色为"绿色"，字号为四号，然后选择"开始"选项卡→双击"格式刷" 格式刷 按钮，按住鼠标左键依次刷过文中其他位置的"计算器",按 Esc 键,退出"格式刷"。

温馨提示 对于重复设置格式的操作,使用格式刷需要注意以下事项:单击一次,可以使用一次格式刷;若要多次使用,则需双击"格式刷" 格式刷 按钮,使用完毕,单击格式刷取消即可。

（5）设置边框和底纹。

● 选定第一段,单击"开始"选项卡→"段落"选项组→"边框"按钮→"边框和底纹"命令,（见图 4-9 ）。

● 在"边框和底纹"对话框,单击"底纹"选项卡,在"填充"项中选择"淡蓝色",在"式样"项中选"15%"（见图 4-10 ）。

● 单击"边框"选项卡,在"设置"项中选择"方框",在"线型"项中选择"双线型"0.5 磅,在"颜色"项中选择"深蓝色"。

● 单击"页面边框"选项卡,在"艺术型"下拉列表框中选择一种合适的样式,单击"确定"按钮。

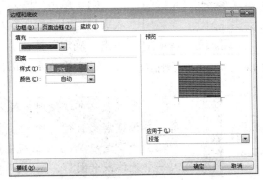

图 4-9 "段落"组"边框"按钮　　　　图 4-10 "边框和底纹"的设置

（6）单击"文件"选项卡→"另存为"命令,在保存目录中选择 D 盘,在文件名中输入"Word 实验 1.2.docx",单击"保存"按钮。

4.3.3 实验三

一、实验目的

（1）掌握建立表格的多种方法;

（2）熟练掌握表格的调整和格式的设置;

（3）掌握表格和文本的转换;

（4）熟悉掌握表格中的公式计算和排序操作。

二、实验要求

（1）创建一个 4 行 6 列的空白表格,如图 4-11 所示。

（2）在空白表格中输入如图 4-11 所示的彩电销售统计表"中的内容并均采用水平居中、垂直居中对齐。

（3）为表格加上底纹,底纹样式为"12.5%",颜色"自动",设置外边框,设置为"方框",线型为"直线",宽度为"1.5"磅。

（4）在表格的最后添加一行，并将表格 2 至 5 列列宽设为 2 cm。

（5）绘制斜线表头，使得行表头为"季度"，列表头为"品牌"，小五号字。

（6）将"年度"列的单元格计算每种品牌的年度总和，并以降序排序；

（7）将表格第 2 至第 4 行转换成文本格式。

彩电销售统计表

	一季度	二季度	三季度	四季度	年度
海尔彩电	198	201	180	221	
长虹彩电	157	186	181	197	
康佳彩电	163	167	156	189	

图 4-11 "彩电销售统计表"表格

图 4-12 "插入表格"对话框

（8）以"Word 实验 1.3.docx"为文件名，另存为 D 盘下。

三、实验步骤

1. 制作表格

（1）单击"插入"选项卡→"表格"选项组→"表格"按钮→"插入表格"对话框，在对话框（见图 4-12）的行、列数中分别输入 4、6，单击"确定"按钮。

（2）输入表格的内容。

温馨提示

（1）生成表格可以使用多种方法，除上述方法外，还可以选择"绘制表格"命令，再根据需要自行选择。

（2）为了适应 Web 版式视图的需要，Word 允许在已生成的表格单元格中再嵌入一个表格或者图形、图片。

2. 对齐方式的设置

选定表格区域，单击鼠标右键，在弹出的快捷菜单中选择"单元格对齐方式"→"中部居中"，此时整个表格中的文字全部水平垂直居中，如图 4-13 所示。

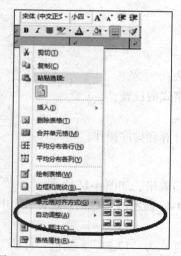

图 4-13 "单元格对齐方式"快捷菜单

3．设置表格边框和底纹

（1）选定表格，单击"表格工具"→"布局"选项卡→"表"选项组→"属性"按钮→"表格属性"对话框→"边框和底纹"，如图 4-14、图 4-15 所示。

图 4-14　"表"选项组"属性"按钮　　　　图 4-15　"表格属性"对话框

（2）选择"边框"选项卡（如图 4-16 所示），在"设置"中选择"方框"，在"样式"中选择"直线"，在"宽度"项中选择"1.5 磅"，在"应用于"中选择"表格"。

（3）单击"底纹"选项卡（如图 4-17 所示），在"样式"项中选择"12.5%"，单击"确定"按钮。

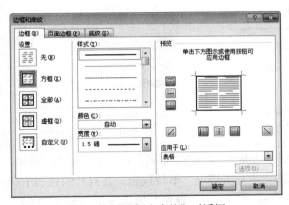

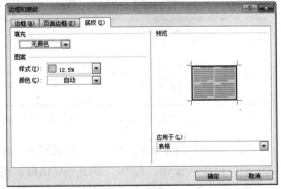

图 4-16　"边框和底纹"对话框　　　　图 4-17　"边框和底纹"的"底纹"选项卡

4．行高列宽的设置

选中表格中的第 2 至 5 列，选择"布局"选项卡，单击"宽度"按钮，设置为"2 厘米"，如图 4-18 所示。

图 4-18　"表格工具"，"布局"中"列宽"的设置

5. 绘制斜线表头

（1）选定插入斜线表头的单元格中，单击"表格样式"组中的"边框"下拉按钮，在打开的下拉列表中选择"斜下框线"（如图 4-19 所示）；输入行标题"季度"，然后按 Enter 键换行，输入列标题"品牌"。

（2）选中输入文字，单击"开始"选项卡，单击"字体"组中的"字号"下拉按钮，设置字号为"小五"。

（3）选中行标题"季度"，然后单击"开始"选项卡中的"段落"组中的"文本右对齐"按钮▤；选中列标题"品牌"，单击"段落"组中的"文本左对齐"按钮▤。

图 4-19 "表格工具"→"设计"选项卡的"边框"

6. 使用 Word 表格的计算功能

（1）鼠标指针定位在"年度"单元格的下方的单元格处，单击"表格工具"→"布局"→"数据"→"公式"命令，打开"fₓ公式"对话框，如图 4-20 所示。

（2）在"公式"框中输入计算公式"=SUM（LEFT）"，其中"SUM"为求和函数，"LEFT"表示计算项为当前单元格左侧的各个数值型数据。

（3）单击"确定"按钮即可，如图 4-21 所示。

图 4-20 "布局"选项卡"数据"组 "fₓ公式"

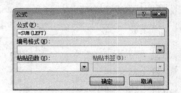

图 4-21 "公式"对话框

（4）将光标置于表格中的任一单元格内，选择"表格工具"的"布局"选项卡，单击"数据"组中的"排序"按钮，打开"排序"对话框，单击"主要关键字"下拉按钮，在打开的列表中选择"年度"，单击"类型"下拉按钮，选择"数字"选项，单击"降序"单选按钮；选中"列表"下的"有标题行"单选按钮，然后单击"确定"按钮。如图 4-22 和图 4-23 所示。

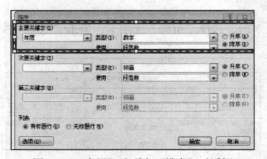

图 4-22 "布局"选项卡"排序"对话框

彩电销售统计表

季度\月份	一季度	二季度	三季度	四季度	年度
海尔彩电	198	201	180	221	800
长虹彩电	157	186	181	197	721
康佳彩电	163	167	156	189	675

图 4-23　排序后的表格样式

7．表格与文本的转换

选中第 2 至 4 行表格区域，单击"表格工具"中的"布局"选项卡中的"转换成文本"按钮，打开"表格转换成文本"对话框，默认"制表符"单选按钮，单击"确定"按钮完成转换（见图 4-24 和图 4-25）。

图 4-24　"布局"选项卡的"转换为文本"

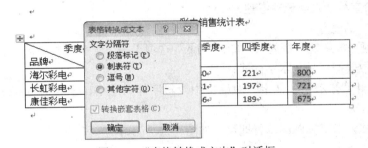

图 4-25　"表格转换成文本"对话框

温馨提示

（1）选中表格的方法有很多，单击"表格工具"中的"布局"选项卡，单击"表"组中的"选择"下拉按钮，在打开的下拉列表中单击"选择表格"命令；或在任意单元格内单击鼠标右键，在弹出的的快捷菜单中选择"选择"命令，在级联菜单中选择"表格"。

（2）"表格属性"：在选中的表格上单击鼠标右键，可使用右键快捷菜单的"表格属性"命令，也可以在"表格工具"中的"布局"选项卡中，单击的"单元格大小"组右下角的展开按钮，打开"表格属性"。

（3）"表格工具"中的"布局"选项卡，单击"合并"组中的"合并单元格"或"拆分单元格"按钮，可以完成对单元格的合并与拆分。"拆分表格"可以完成一个表格的拆分。

8．保存文件

单击"文件"选项卡→"另存为"命令，在保存目录中选择 D 盘，在文件名中输入"Word 实验 1.3.docx"，单击"保存"按钮。

4.3.4 实验四

一、实验目的

（1）熟练掌握艺术字、剪贴画、文本框、绘制自选图形；

（2）掌握图片的插入和图形格式的设置。

二、实验要求

（1）打开实验素材库的"数字地球概述.docx"文档。

（2）将标题设为 Word 艺术字，字体为隶书、36 磅，居中。

（3）在第四段段后插入一幅"地图类"剪贴画中的"地球仪"。

（4）在第三段中插入一个文本框，内含文字"软件环境"，将文本框里的文字底纹颜色设置为自定义颜色：红色 255、绿色 255、蓝色 153，并将文本框环绕方式设置为"四周型"。

（5）在文档的最后画一个椭圆，内含文字"自选图形"；画一个矩形，内含文字"插入"，用箭头线相联，并将这 3 个图形组合。

（6）在第一段段尾插入一幅图片文件，并将其设为浮动式，图片宽度设为 3 cm。

（7）以"Word 实验 1.4.docx"为文件名，另存为 D 盘下。

三、实验步骤

1. 打开实验素材"数字地球概述.docx"

2."艺术字"的设置

（1）选择标题"数字地球概述"，单击"插入"选项卡→"文本"选项组→"艺术字"，在"艺术字库"对话框中选择一种艺术字样式；

（2）在"编辑'艺术字'文字"对话框中设置字体为隶书、字号为 36 磅，单击"确定"按钮；

（3）最后调整艺术字标题的位置即可，如图 4-26 所示。

图 4-26 插入"艺术字"按钮

3. 剪贴画的插入

将插入点定位在第四段段尾，单击"插入"选项卡→"插图"选项组→"剪贴画"按钮，在类别中选择"地图"类→"搜索"，从中选择"地球仪"图片，单击该图片插入到文档中，如图 4-27 与图 4-28 所示。

4. 插入文本框并设置文字环绕方式

（1）选择第三段段中位置，单击"插入"选项卡→"文本"选项组→"文本框"按钮，选择一种文本框类型。

（2）单击文本框，在文本框中的输入文字"软件环境"。选择文字内容"软件环境"，选择"开始"选项卡的"段落"选项组中的"下框线"的下拉按钮，在下拉列表中选择"边框和底纹"命令，打开对话框（见图 4-29）。单击"底纹"选项卡，在"填充"下拉列表中选择"其他颜色"，

在"颜色"对话框中单击"自定义"选项卡，分别将红色、绿色和蓝色的数值设定好（见图 4-30），
单击"确定"按钮完成。

图 4-27　"剪贴画"按钮

图 4-28　剪贴画的添加

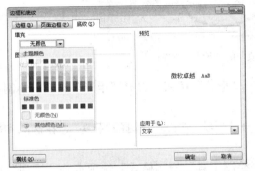

图 4-29　"边框和底纹"对话框

图 4-30　"自定义"颜色的设置

（3）右键单击文本框边框→"其他布局选项"→"文字环绕"选项卡，在"环绕方式"对话
框中选择"四周型"，单击"确定"按钮，如图 4-31 所示。

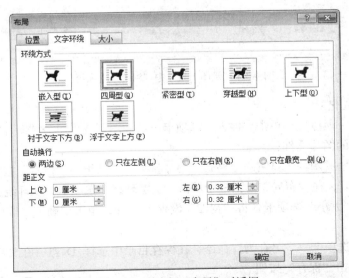

图 4-31　文本框"布局"对话框

（1）再插入文本框时，也可选择"绘制竖排文本框"，从而可插入一个文字方向为竖排的文本框。

（2）将光标置于文本框内，右键单击鼠标，在弹出的的快捷菜单中选择"文字方向"，可打开"文字方向-文本框"对话框，从中可对文字方向进行修改。

5. 绘制自选图形

（1）单击"插入"选项卡→"插图"选项组→"形状"按钮（见图 4-32），选择"椭圆"类型，鼠标指针变成"+"形状，在目标位置按住鼠标左键拖动画出一个椭圆，右键单击椭圆→选择快捷菜单的"添加文字"命令，输入文字"自选图形"即可。

图 4-32　"插入"选项卡的"形状"按钮

（2）单击"插入"选项卡→"插图"选项组→"形状"按钮，选择"矩形"类型，绘制一个矩形，并添加文字"插入"。

（3）单击"插入"选项卡→"插图"选项组→"形状"按钮，选择"箭头"，在椭圆和矩形之间画一条有箭头的线，将两个图形连接起来。

（4）按住 Ctrl 键依次选定 3 个图形，单击"绘图工具"→"格式"选项卡→"排列"选项组→"组合"命令，将 3 个图形对象组合成一个，如图 4-33 所示。

图 4-33　"绘图工具"中"组合"选项组

6. 图片的格式化

（1）定位在第一段段尾，单击"插入"选项卡→"插图"选项组→"图片"按钮，选择插入一个计算机中存在的图片文件；

（2）选定图片→"图片工具"→"格式"→"排列"选项组→"位置"按钮，打开"布局"对话框（见图 4-34），在"布局"对话框中单击"文字环绕"选项卡，从环绕方式中选择"浮于文字上方"；单击"大小"选项卡，将"宽度"设置为 3 cm，单击"确定"按钮。

7. 保存文件

单击"文件"选项卡→"另存为"命令，在保存目录中选择 D 盘，在文件名中输入"Word实验 1.4.docx"，单击"保存"按钮。

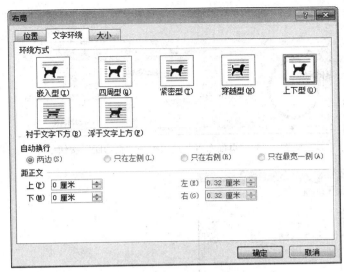

图 4-34　"布局"对话框

4.3.5　实验五

一、实验目的

（1）熟练掌握页面设置、排版；

（2）掌握分节、分栏；

（3）掌握设置页眉和页脚、页码的操作。

二、实验要求

（1）打开实验素材"计算器的起源与发展.docx"。

（2）将文档页面设置为上、下页边距设为 2.5 cm，左、右页边距设为 2 cm。

（3）将第二段分为两栏。

（4）对文档页面设置页眉"Word 2010 学习"，字体为楷体、五号、右对齐；在文档的页面底端右侧添加页码，形式为"第 X 页　共 Y 页"，其中，X 为当前页码，Y 为总页数；设置页眉页脚的边界距离是 1.5 cm。

（5）在"'科学型'用于进行统计计算和科学计算"开始的段前插入分页符。

（6）预览文档。

（7）以"Word 实验 1.5.docx"为文件名，另存为 D 盘下。

三、实验步骤

1. 打开实验素材"计算器的起源与发展.docx"

2. 页面设置

单击"页面布局"选项卡→"页面设置"选项组→"页边距"按钮，单击下边的"自定义边距"，打开"页面设置"对话框（见图 4-35～图 4-36），分别将上、下页边距设为 2.5 cm，左、右页边距设为 2 cm。

3. 分栏

选定第二段，单击"页面布局"选项卡→"页面设置"选项组→"分栏"按钮（见图 4-37），在下拉菜单中选择"两栏"。

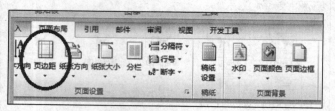

图 4-35 "页面布置"选项组→"页边距"按钮

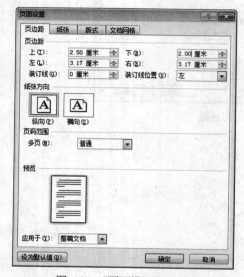

图 4-36 "页面设置"对话框

图 4-37 "分栏"编辑选项卡

温馨提示

（1）利用水平标尺可以调整栏宽或栏间距，方法：将鼠标指针置于水平标尺的分栏标记上，此时鼠标指针变成双向箭头，按住鼠标左键不放，向左或向右拖动分栏标记即可。

（2）利用"分栏"对话框也可以改变栏宽或栏间距：单击"页面设置"组中的"分栏"上下按钮，在下拉列表中选择"更多分栏"，打开"分栏"对话框，在"宽度"和"间距"微调框中指定或输入合适的数值。

4.页眉页脚的编辑

（1）单击"插入"选项卡→"页眉和页脚"选项组→"页眉"按钮，在下拉列表中选择"编辑页眉"，光标停在页眉编辑区，同时功能区显示"页眉和页脚"的"设计"选项卡（见图 4-38）。

图 4-38 "页眉和页脚"的"设计"选项卡

（2）在页眉编辑区输入"Word 2010 学习"，选中页眉文字，单击"开始"选项卡，在"字体"

选项组分别设置字体为楷体、字号为五号，再单击"段落"选项组中的"文本右对齐按钮" ☰。

（3）在"页眉和页脚"下的"设计"选项卡中，单击"导航"中的"转至页脚"命令，光标切换到页脚编辑区。单击"页眉和页脚"组中的"页码"下拉按钮，在下拉列表中选择"页面底端"，选择"X/Y"下的"加粗显示的数字 3"，然后再修改为"第 X 页 共 Y 页"形式。

（4）在"页眉和页脚工具"中"设计"选项卡，分别调整"位置"组中的"页眉顶端距离"和"页脚底端距离"为 1.5 cm。

（5）最后再单击"关闭页眉和页脚"按钮，如图 4-39 所示。

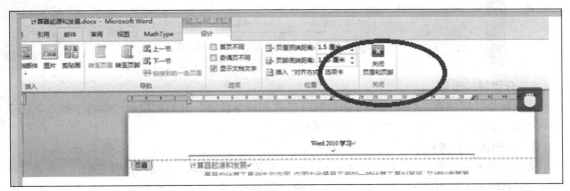

图 4-39　"页眉和页脚"的设置

温馨提示

（1）页眉、页脚和正文分别处于另个不同的层面，因此，在设置页眉、页脚时，正文内容是不可以操作的，其显示为灰色。

（2）双击页眉、页脚区也可以进入编辑状态。

（3）同一篇文档可以有不同的页面设置，也就是说可以有多个节，每一节都可以有自己的版面设置。因此，同一文档里也可以有不同的页眉、页脚。

（4）设置该形式页脚的一种方法：在页脚编辑区的光标处直接输入页脚文字"第 页 共 页"。然后将插入点至于"第 页"之间，单击"插入"组中的"文档部件"按钮，在打开的下拉列表中选择"域"命令，打开"域"对话框。在"域名"下拉列表中选择"Page"，单击"确定"按钮，可插入当前页码。将插入点置于"共 页"之间，再次打开"域"对话框，在"域名"下拉列表中选择"NumPages"，单击"确定"插入当前文档的页数。选择"开始"选项卡，在"段落"组中单击"文本右对齐"按钮。

（5）页码一般是阿拉伯数字，要改变页码格式，可单击"页眉和页脚"组中的"页码"按钮，在打开的下拉列表中选择"设置页码格式"，在"页码格式"对话框（见图 4-40），在"数字格式"列表中选择数字格式，如"1，2，3..."、"a，b，c..."、"A，B，C..."等。

（6）一般情况下多章节的文档是连续编号的。如果要使文档的每章都从 1 开始编号（例如 1-1、1-2、1-3 和 2-1、2-2、2-3），首先要确保文章已经按章分节，在"页码编排"选项组中选择"续前节"按钮，页码将延续前一节的页码，如果选中"起始页码"按钮，就可以指定起始页码。

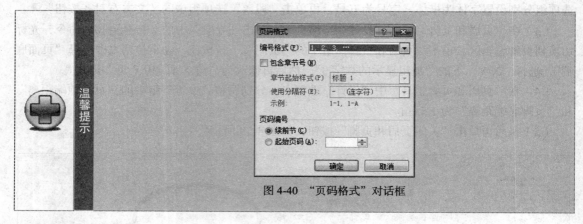

图 4-40 "页码格式"对话框

5. 分页符的设置

将鼠标指针定位在"科学型用于进行统计计算和科学计算"开始的段前，单击"插入"选项卡→"页"选项组→"分页"按钮（见图 4-41）。

6. 文档的预览与打印

文档设置好后，单击"快速访问工具栏"→"预览"图标 ，进入文档的预览窗口。单击"打印"，在打印中设置"份数"为 1 份，单击"确定"按钮，如图 4-42 所示。

图 4-41 "分页"选项卡 　　　　　　　　图 4-42 "打印预览"对话框

7. 保存文件

单击"文件"选项卡→"另存为"命令，在保存目录中选择 D 盘，在文件名中输入"Word 实验 1.5.docx"，单击"保存"按钮。

4.3.6　综合实验

编辑、排版 A

打开 Wordkt 文件夹下的 Wordl4A.docx 文件，按如下要求进行编辑、排版：

1．基本编辑

（1）将 Wordkt 文件夹下的 Word14A1.docx 文件的内容插入到 Wordl4A.docx 文件的尾部。

（2）将"2.过程控制"和"3.信息处理"两部分内容互换位置（包括标题及内容），并修改序号。

（3）将文中所有的"空置"替换为"控制"。

操作步骤：

（1）打开"Word14A.docx"，将鼠标指针定位在文档的末尾按 Enter 键另起一段，选择"插入"选项卡的"文本"选项组"对象"命令的下拉菜单（见图 4-43），单击"文件中的文字"，在打开的"插入文件"对话框中选择"Word14A1.docx"，单击右下角的"插入"按钮（见图 4-44）。

图 4-43　"插入"选项卡的的操作

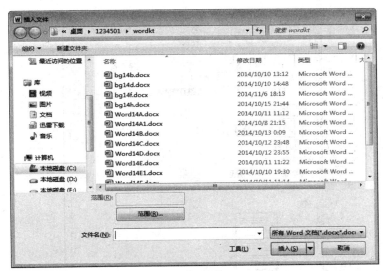

图 4-44　"插入文件"对话框

（2）选定"3.信息处理"，按住鼠标左键拖动到"2.过程控制"的段前松开，然后将序号修改。

（3）全选本文档内容，选择"开始"选项卡"编辑"选项组的"替换"命令，打开"查找和替换"对话框（见图 4-45），在"查找内容"文本框输入"空置"，在"替换为"文本框输入"控制"，然后单击"全部替换"按钮完成。

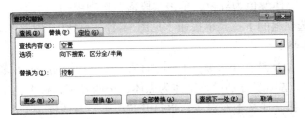

图 4-45　"查找和替换"对话框

2．排版

（1）页边距：上、下为 2.5 cm；左、右为 2 cm；页眉、页脚距边界均为 1.3 cm，纸张大小为 A4。

（2）将文章标题"计算机的应用领域"设置为隶书、二号字，加粗，标准色中的红色，水平居中，段前和段后均为 0.5 行。

（3）将小标题（1.科学计算、2.过程控制……、6.多媒体应用）设置为黑体、小四号字，标准色中的蓝色，左对齐，段前和段后均为 0.3 行。

（4）其余部分（除上面两标题以外的部分）设置为楷体、小四号字，首行缩进 2 字符，两端对齐。

（5）将排版后的文件以原文件名存盘。

操作步骤：

（1）选择"页面布局"选项卡的"页面设置"选项组的"页边距"下拉菜单按钮，选择"自定义边距"命令，打开"页面设置"对话框（见图 4-46），在"页边距"中设置页边距的上、下、左、右边距，再选择"版式"选项卡，设置页眉、页脚的边界距离。

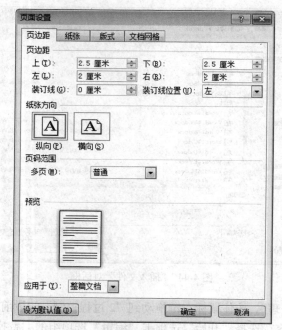

图 4-46　"页面设置"对话框

（2）选定标题"计算机的应用领域"，在"开始"选项卡"字体"选项组中分别设置字体为隶书、二号字，加粗，字体颜色为红色；单击"段落"选项组的"水平居中"按钮 ☰ 将文本居中显示；打开"段落"选项组的下拉菜单按钮（见图 4-47），打开"段落"对话框，设置段前和段后均为 0.5 行（见图 4-48）。

（3）按住 Ctrl 键，依次选择小标题（1.科学计算、2.过程控制……6.多媒体应用），然后单击"开始"选项卡"字体"选项组分别设置字体为黑体、小四号字，标准色中的蓝色；单击"段落"选项组的"左对齐"按钮，让文本左对齐；再打开"段落"对话框（见图 4-48）设置段前和段后均为 0.3 行。

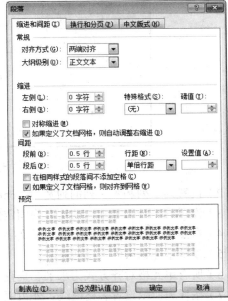

图 4-48　"段落"对话框

图 4-47　"段落"选项组

（4）按住 Ctrl 键，选中除小标题外的文本，分别在"字体"选项组中设置字体楷体、小四号字；在"段落"对话框中设置首行缩进 2 字符，两端对齐（见图 4-49）。

（5）单击标题栏的"快速访问工具栏"的"保存"按钮保存为"word14A.docx"（见图 4-50）。

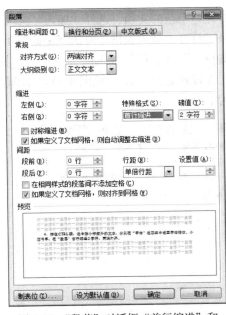

图 4-49　"段落"对话框"首行缩进"和
"对齐方式"的设置

图 4-50　"快速访问工具栏""保存"按钮

3. 表格操作

（1）新建 Word 空白文档，制作一个 4 行 5 列的表格（见图 4-51），并按如下要求调整表格。

图 4-51　表格样图

（2）设置第 1 列和第 3 列的列宽为 2 cm，其余各列列宽为 3.5 cm。

（3）设置第 1 行和第 2 行的行高为固定值 1 cm，第 3 行和第 4 行的行高为固定值 2 cm。

（4）参照样表合并单元格，并添加文字。

（5）设置字体为宋体、小四号字。

（6）所有单元格对齐方式为水平、垂直均居中，整个表格水平居中。

（7）按样表所示设置表格框线：外边框为 2.25 磅实线，内边框为 1 磅实线。

（8）将实验素材"彩电销售统计表.docx"的表格插入到本文档的末尾，将"年度"列的单元格计算每种品牌的年度总和，并以降序排序；

（9）将表格第 2 至第 4 行转换成文本格式。

（10）最后将此文档以文件名"bgl4a.docx"另存到 Wordkt 文件夹中。

操作步骤：

（1）单击"文件"选项卡选择"新建"命令，打开一个新的文档，选择"插入"选项卡"表格"选项组的下拉菜单按钮，单击"插入表格"命令，打开"插入表格"对话框（见图 4-52）。

（2）按住 Ctrl 键，分别选定第一列和第三列，选择"表格工具""布局"选项卡，选择"表"选项组的"属性"按钮，打开"表格属性"对话框，设置列宽为 1 cm（见图 4-53）。用同样的方法，按住 Ctrl 键依次选择第 2、4、5 列，设置列宽为 3 cm。

图 4-52　"插入表格"对话框

图 4-53　"表格属性"对话框

（3）按住 Ctrl 键选择第 1、2 行，设置行高 1 cm，在设置第 3、4 行行高 2 cm。

（4）选择第一行的 3、4、5 列单元格，单击选择"表格工具""布局"选项卡的"合并"选项组的"合并单元格"按钮（见图 4-54），将 3 个单元格合并为一个；再依此方法将第二行的前三个单元格和第 4、第 5 行的所有单元格进行合并，按照样表格式分别填入相应文字。

（5）选定表格，再单击"开始"选项卡"字体"选项组，设置字体为宋体、小四号。

（6）选定表格，选择"表格工具""布局""对齐方式"选项组，在 9 种对齐方式中选择水平、垂直居中按钮（见图 4-55）。选中表格，单击"开始"选项卡"段落"选项组的居中对齐按钮，让表格居中。

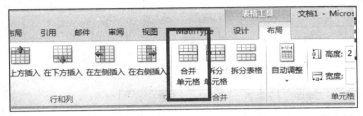

图 4-54　表格工具的"合并单元格"

图 4-55　"对齐方式"选项组

（7）选定表格，在"表格工具""设计"选项卡的"表格样式"选项组中的"绘图边框"中设置线型和磅值为"实线"和"2.25 磅"，再单击"边框"按钮选择"外侧框线"命令，完成外部框线的设置；再设置线型磅值为 1 磅实线，然后单击"内部框线"按钮完成内框线的设置（见图 4-56）。

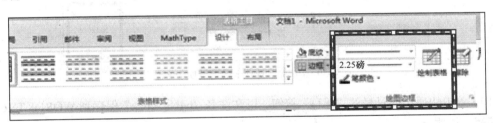

图 4-56　"绘图边框"选项组"边框"的设置

（8）标指针定位在表格的末尾按 Enter 键另起一段，选择"插入"选项卡的"文本"选项组"对象"命令的下拉菜单，单击"文件中的文字"，在打开的"插入文件"对话框中选择"彩电销售统计表.docx"，单击右下角的"插入"按钮。

● 鼠标指针定位在"年度"单元格的下方的单元格处，单击"表格工具"→"布局"→"数据"→"公式"命令，打开"f_x 公式"对话框（见图 4-20）。

● 在"公式"框中输入计算公式"=SUM（LEFT）"，其中"SUM"为求和函数，"LEFT"表示计算项为当前单元格左侧的各个数值型数据，单击"确定"按钮即可（见图 4-21）。

● 将光标置于表格中的任一单元格内，选择"表格工具"的"布局"选项卡，单击"数据"组中的"排序"按钮，打开"排序"对话框，单击"主要关键字"下拉按钮，在打开的列表中选择"年度"，单击"类型"下拉按钮，选择"数字"选项，单击"降序"单选按钮；选中"列表"下的"有标题行"单选按钮，然后单击"确定"按钮。如图 4-57 和图 4-58 所示。

（9）选中第 2 至 4 行表格区域，单击"表格工具"中的"布局"选项卡中的"转换成文本"按钮，打开"表格转换成文本"对话框，默认"制表符"，单击"确定"按钮完成转换（见图 4-59）。

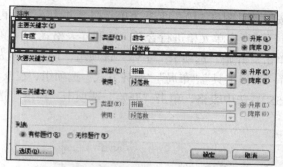

图 4-57 "布局"选项卡"排序"对话框

彩电销售统计表

季度 月份	一季度	二季度	三季度	四季度	年度
海尔彩电	198	201	180	221	800
长虹彩电	157	186	181	197	721
康佳彩电	163	167	156	189	675

图 4-58 排序后的表格样式

图 4-59 "布局"选项卡的"转换为文本"

（10）单击快速访问具栏的"保存"按钮，以文件名"bgl4a.docx"保存到 WORDKT 文件夹。

编辑、排版 B

打开 Wordkt 文件夹下的 Wordl4F.docx 文件，按如下要求进行编辑、排版：

1. 基本编辑

（1）在第一段前插入一行，输入标题为"水族馆"。

（2）将文章中"（一）完善"和"（三）雏形"两部分内容互换位置（包括标题及内容），并修改编号。

（3）将文中所有的"水族管"替换为"水族馆"，并设置字体为红色、隶书、小四号。

（4）在文档的末尾插入一张"水族"类的剪贴画，调整为合适的宽度和高度，设置四周型环绕方式，放置在第二段中。

（5）在第四段段后插入公式：$(uv)^{(n)} = \sum_{k=0}^{n} C_n^k U^{(n-k)} V^{(k)}$

（6）以原文件名 Wordl4F.docx 保存。

操作步骤：

（1）鼠标指针定位在第一段段前按 Enter 键，在车入的空行位置输入标题"水族馆"。

（2）选中"（三）雏形"一段，按住鼠标左键拖动到"（一）完善"段前，然后分别修改编号。

（3）全选本文档内容，选择"开始"选项卡"编辑"选项组的"替换"命令，打开"查找和替换"对话框，在"查找内容"文本框输入"水族管"，在"替换为"对话框输入"水族馆"，单击左下角的"更多"按钮，打开"替换字体"对话框（见图 4-60），设置字体为隶书、红色、小四号，单击"确定"按钮之后，单击"全部替换"按钮完成。

（4）将插入点定位在文档尾部，单击"插入"选项卡→"插图"选项组→"剪贴画"按钮，在类别中选择"水族"类→"搜索"，从中选择"水族"图片，单击该图片插入文档中（见图 4-61）。

图 4-60　"替换字体"对话框

图 4-61　"剪贴画"的设置

（5）选定图片，选择"图片工具""格式"选项卡的"大小"选项组，设置图片大小（见图 4-62），然后单击"大小"的下拉菜单按钮，打开"布局"对话框，在"环绕方式"中选择"四周型"（见图 4-31），单击"确定"按钮；最后拖动图片到第二段松开。

图 4-62　"图片工具"选项卡

（6）单击第 4 段段后，按 Enter 键另起一段。

（7）选择"插入"选项卡，单击"符号"组中的"公式"按钮，选择"插入新公式"命令，则在插入点处出现显示文字为"在此处键入公式"的公式编辑框，功能区中显示"公式工具"下的"设计"选项卡（见图 4-63）。

图 4-63　"公式工具"选项卡

（8）单击"结构"组中的"上下标"按钮，在打开的下拉列表中选择"上标"，此时公式编辑框中出现两个虚线框，单击左框，再单击"结构"组中的"括号"按钮，选择"( )"，在括号中输入"uv"，用同样的方法单击右框，输入括号和 n；单击公式右侧，输入"="；中分别输入"S"和"ij"；然后单击公式右侧输入"="。

（9）单击"结构"选项组中的"大型运算符"下拉按钮，选择上、下带虚框的求和符号，然后将光标置于相应的文本框中，分别输入"n""k=0"。

（10）单击"结构"选项组中的"上下标"下拉按钮，选择"下标-上标"符号，然后将光标置于相应的文本框中，分别输入"C""k""n"。

（11）用同样的方法，依次完成后面两个式子的输入，最后双击公式外的任何位置，退出公式编辑。

（12）单击"保存"按钮以原文件名进行存盘。

2. 排版

（1）页边距：上、下为 2cm，左、右均为 2.5 cm；纸张大小 A4，纸张方向为横向；页眉页脚距边界均为 1 cm。

（2）将文章标题"水族馆"设置为华文彩云、小一号字，标准色中的红色，水平居中，段前段后距均为 1 行。

（3）将小标题（（一）雏形，（二）发展，（三）完善）设置为楷体、四号字，加粗、倾斜，标准色中的深红色，左对齐，段前 0.5 行。

（4）将其余部分（除上面两标题以外的部分）的中文字体设置为黑体，英文字体设置为 Times New Roman，小四号，两端对齐，悬挂缩进 2 字符，1.5 倍行距。

（5）设置页眉、页脚，页眉内容为"水族馆"，小五号字，距边界距离为 1.5 cm。

（6）将排版后的文件以原文件名存盘。

操作步骤：

（1）选择"页面布局"选项卡的"页面设置"选项组的"页边距"下拉菜单按钮，选择"自定义边距"命令，打开"页面设置"对话框，在"页边距"中设置页边距的上、下、左、右边距，"纸张方向"选择"横向"；在"纸张"选项卡中设置为"A4"纸；再选择"版式"选项卡，设置页眉、页脚的边界距离。

（2）选定标题"水族馆"，在"开始""字体"选项组中分别设置字体、字号和颜色；"段落"选项组单击"居中"按钮设置水平居中，打开"段落"下拉菜单的"段落"设置对话框，设置段前、段后为 1 行。

（3）按住 Ctrl 键，分别选中小标题（（一）雏形，（二）发展，（三）完善），在"字体"选项组中设置为楷体、四号字，加粗、倾斜，标准色中的深红色；在"段落"选项组中设置左对齐，段前 0.5 行。

（4）选中除标题外的所有文本，打开"字体"对话框（见图 4-64），设置中文字体"黑体"，英文字体"Times New Roman"，小四号。再打开"段落"对话框，设置"两端对齐"和"悬挂缩进"2 字符，"行距"1.5 倍（见图 4-65）。

（5）"插入"选项卡"页眉和页脚"选项组，单击"页眉"按钮，选择一种页眉的格式并输入页眉"水族馆"，选定页眉文字，在右键快捷菜单中直接设置字体为"小五号"；双击页眉处，选择"页眉和页脚工具"的"设计"选项卡，在"位置"选项组中设置页眉和页脚据边界的距离，然后关闭页眉页脚编辑状态（见图 4-66）。

（6）单击"快速访问工具栏"的"保存"按钮以原文件名进行存盘。

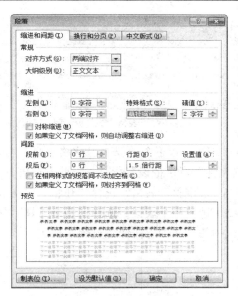

图 4-64　"字体"对话框　　　　　　　图 4-65　"段落"对话框

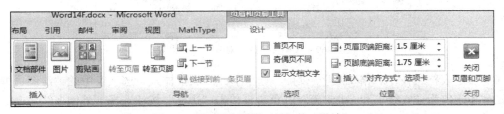

图 4-66　"页眉和页脚工具"的"设计"

3．表格操作

打开 Wordkt 文件夹下的 bgl4f.docx 文件，按如下要求调整表格（样表参见 Wordkt 文件夹下的"bgl4f.jpg"）：

（1）在最后一列右侧插入一列，并输入列标题"平均销售量"。

（2）在列标题为"平均销售量"列下面的各单元格中计算其左边相应数据的平均值，编号格式为"0"。

（3）设置第 1 行高为固定值 1.2 cm，其余各行行高为固定值 0.8 cm，各列列宽分别为 2 cm、2.5 cm、2.5 cm、2.5 cm、2.5 cm、3 cm。

（4）设置所有文字的字体为楷体、小四号字，加粗。

（5）设置所有单元格对齐方式为水平、垂直均居中。

（6）按样表所示设置表格框线：外部框线为 1.5 磅实线，标准色中的红色；内部框线为 0.75 磅实线；第一行的底纹为标准色中的黄色。

（7）最后将此文档以文件名"bgl4f.docx"另存到 Wordkt 文件夹中。

操作步骤：

（1）鼠标指针定位在最后一列中，"表格工具""布局"选项卡的"行和列"选项组，单击"在右侧插入"按钮，插入一新列，输入列标题"平均销售量"（见图 4-67）。

（2）鼠标指针定位在"平均销售量"列中，单击"表格工具""布局"的"数据"选项组 按钮，打开"公式"对话框（见图 4-68），分别计算平均数值。

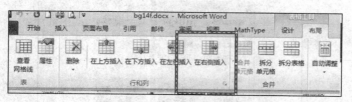

图 4-67 "表格工具"选项卡"插入新列"

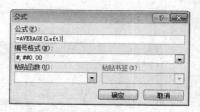

图 4-68 "公式"对话框

（3）选中第 1 行，选择"表格工具""布局"选项卡的"表"选项组的"属性"按钮，打开"表格属性"对话框设置行高。以此方法再分别设置其余行高及列宽。

（4）选定整个表格，选择"开始"选项卡"字体"选项组，设置楷体、小四号字，加粗。

（5）选定整个表格，选择"表格工具""布局"选项卡的"布局方式"选项组，单击 9 个对齐方式中的"居中"按钮（见图 4-69）。

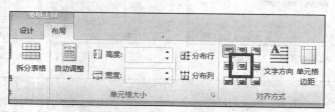

图 4-69 表格文字的"对齐方式"设置

（6）选定表格，在"表格工具""设计"选项卡的"表格样式"选项组中的"绘图边框"中设置线型和磅值为"实线"和"1.5 磅"红色，再单击"边框"按钮选择"外侧框线"命令，完成外部框线的设置；再设置线型磅值为 0.75 磅实线，然后单击"内部框线"按钮完成内框线的设置（见图 4-70）。

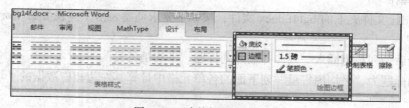

图 4-70 "表格框线"的设置

选中第一行，单击"表格工具""设计"选项卡的"表格样式"选项组中的"底纹"下拉按钮，选中底纹标准色中的"黄色"（见图 4-71）。

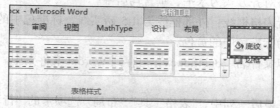

图 4-71 表格"底纹"的设置

（7）单击"快速访问工具栏"的"保存"按钮，将此文档以文件名"bgl4f.docx"存到 Wordkt 文件夹中。

第5章
电子表格处理软件 Excel 2010

5.1　教学要求及大纲

　　本章的目的是使学生熟练掌握电子表格处理软件 Excel 的使用方法，并能够灵活运用 Excel 制作电子表格。本章的主要内容包括 Excel 基本操作，包含工作表的建立、编辑、格式化等；掌握 Excel 创建编辑图表的操作及 Excel 数据管理操作，包含数据的查找、排序、筛选、分类汇总、数据透视表等。

　　参考学时：实验 6 学时。

5.2　习　　题

一、单项选择题

1. Excel 工作薄文件的默认扩展名是（　　　）。
   A. DOTX　　　　　B. DOCX　　　　　C. EXLX　　　　　D. XLSX
2. Excel 属于下面哪套软件中的一部分（　　　）。
   A. Windows　　　B. Microsoft Office　C. UCDOS　　　　D. FrontPage
3. 在 Excel 中，电子表格是一种（　　　）维的表格。
   A. 一　　　　　　B. 二　　　　　　　C. 三　　　　　　D. 多
4. 在单元格中输入（　　　），使该单元格显示 0.3。
   A. 6/20　　　　　B. =6/20　　　　　C. "6/20"　　　　D. ='6/20'
5. Excel 中的工作表是由行、列组成的表格，表中的每一格叫（　　　）。
   A. 窗口格　　　　B. 子表格　　　　　C. 单元格　　　　D. 工作格
6. 在 Excel 中，若要设置单元格的数据有效性，以下说法中不正确的是（　　　）。
   A. 已经设置的单元格数据有效性不能被删除
   B. 若输入的数据违反了单元格的数据有效性，可显示错误信息
   C. 通过设置单元格的数据有效性，可限定单元格内输入数值的范围
   D. 可同时选择多个单元格设置其有效性

7. 在 Excel 中，当前打开的工作簿包含多个工作表，默认情况下，以下说法中正确的是(　　)。

　　A. 只打印第 1 个工作表的第 1 页　　　　B. 只打印当前工作表的内容

　　C. 打印当前工作簿中的所有工作表　　　　D. 以带边框的表格形式打印工作表内容

8. 在 Excel 中，单元格区域 "A3:C5 B4:D6" 包含（　　）个单元格。

　　A. 14　　　　　　B. 8　　　　　　C. 4　　　　　　D. 10

9. 在 Excel 中，能够改变 "行高" 大小的操作，不包括（　　）。

　　A. 使用 "开始" 菜单的格式按钮中 "行高" 命令

　　B. 双击行标题下方边界　　　　C. 复制行高　　　　D. 鼠标拖动

10. 在 Excel 的自动筛选中，各列的筛选条件之间的关系是（　　）。

　　A. 没关系　　　　B. 与　　　　　　C. 非　　　　　　D. 或

11. 在 Excel 的 "分页预览" 视图方式下，针对分页符，不可以进行（　　）操作。

　　A. 调整分页符的位置　　　　　　　　B. 插入分页符

　　C. 删除人工插入的分页符　　　　　　D. 删除自动插入的分页符

12. 以下关于 Excel 工作簿和工作表的说法中不正确的是（　　）。

　　A. 工作簿中含有的工作表数是固定的，不能改变

　　B. 只有工作簿可以以文件的形式保存在磁盘上

　　C. 可以同时打开多个工作簿

　　D. 工作表只能包含在工作簿中，不能单独以文件形式存在

13. 小明的身份证号是 18 位数字字符，若将 Excel 的某单元格式设置为 "文本" 格式，然后直接输入 "370101010101010101"，则（　　）。

　　A. 单元格显示数字字符 "370101010101010101"

　　B. 单元格显示为 "3701010101010000.00"

　　C. 单元格以科学计数法显示为 "3.70101E+17"

　　D. 单元格显示为 "370101010101010000"

14. 在 Excel 中，下列属于公式中单元格地址绝对引用方式的是（　　）。

　　A. =MAX（$G2:$G11）　　　　　　　B. =$A$3+$B$3-$C$3

　　C. =RANK（E3, $E$3:$E$10）　　　　D. =SUM（D3:D$10）

15. 在 Excel 中插入一个嵌入式图表，不能够对图表的（　　）部分单独改变其大小。

　　A. 图表区　　　B. 图例　　　　　　C. 绘图区　　　　　D. 分类轴

16. 若在 Excel 的某单元格中输入公式 "=2=3"，按 Enter 键后该单元格将显示（　　）。

　　A. #VALUE!　　　B. FALSE　　　　C. =2=3　　　　　D. 23

17. 在 Excel 中，若对单元格区域 "G3:G10" 设置其 "条件格式" 为 "数值>200" 时，单元格字体颜色为 "红色"，若该区域的某单元格数值发生变化，则（　　）。

　　A. 若该区域的数值由公式计算所得，只有当公式中引用的相应单元格中的数据发生变化时，其格式一定会变为 "红色"

　　B. 无论是否符合设定的条件，其格式一定会变为 "红色"

　　C. 只有通过公式计算的结果大于 200 时，才变为 "红色"

　　D. 只要符合设定的条件，其格式就一定会变为 "红色"

18. 在 Excel 中，选择 "页面布局" 菜单中的 "分页预览"，则手工插入的分页符显示为(　　)。

　　A. 虚线　　　　B. 双下画线　　　　C. 波浪线　　　　D. 实线

19. Excel 的单元格 A2 中有数值型数据 10，要在相邻的单元格中利用填充柄填充自动加 1 的序列，正确的操作是（　　　　）。

　　A. 直接按住鼠标左键进行拖动　　　　　　B. 在拖动鼠标的同时按住键盘的 Ctrl 键

　　C. 在拖动鼠标的同时按住键盘的 Alt 键　　D. 在拖动鼠标的同时按住键盘的 Shift 键

20. 在 Excel 中，要使工作表的某单元格数据保留小数点后两位小数，应使用"单元格格式"对话框中的（　　　　）选项卡来实现。

　　A. 字体　　　　　　　B. 数字　　　　　　　C. 边框　　　　　　　D. 对齐

21. 在 Excel 的图表中若要删除数据系列，以下（　　　　）是不正确的。

　　A. 选定图表的某一个数据系列后，直接按键盘的 Delete 键

　　B. 选定图表的分类轴后，直接按键盘的 Delete 键

　　C. 在图表的源数据表中删除一列（系列产生在列）

　　D. 在图表的源数据表中删除一行（系列产生在行）

22. 在 Excel 中，执行"文件"菜单中的"关闭"命令，可关闭（　　　　）。

　　A. Excel 的工作区窗口　　　　　　　　　B. Excel 程序窗口

　　C. 当前打开的工作表　　　　　　　　　　D. 所有打开的工作簿

23. 在 Excel 中要实现打印工作表时每页下方自动显示"第几页"字样，需要进行的操作是（　　　　）。

　　A. 设置页眉和页脚　　　　　　　　　　　B. 设置分页预览

　　C. 设置页边距　　　　　　　　　　　　　D. 设置打印区域

24. 在 Excel 中，关于"自动套用格式"的说法中不正确的是（　　　　）

　　A. "自动套用格式"是 Excel 预先定义好的表格格式

　　B. 一旦对选定的单元格区域应用某种"自动套用格式"，将不能被删除

　　C. 应用某种"自动套用格式"中包含的全部格式

　　D. 可仅仅应用某种"自动套用格式"的一部分格

25. 如果将 Excel 的单元格区域 A2:E10 复制到 Word 中，则以下说法中不正确的是（　　　　）。

　　A. 在 Word 中可以显示为 Windows 图元文件

　　B. 在 Word 中可以显示为无格式文本

　　C. 若在 Word 中显示为表格，则该表格一定有边框

　　D. 在 Word 中可以显示为带格式文本 RTF

26. 在 Excel 中，如果图表以对象的方式嵌入工作表中，以下（　　　　）操作是不允许的。

　　A. 鼠标拖动改变图表的位置

　　B. 鼠标单击激活图表

　　C. 单击选择图表后，按键盘的 Delete 键删除图表

　　D. 设置图表绘图区的字体格式

27. Excel 的数据清单包含有"出生日期"字段（日期型），并作为关键字段按照"升序"进行了排序，若小明的年龄比小张大，则有（　　　　）。

　　A. 小张排在小明的前面　　　　　　B. 无法确定

　　C. 小明排在小张的前面　　　　　　D. 小明和小张并列

28. 在 Excel 中能够快速复制数据格式的工具是（　　　　）。

　　A. 单元格格式　　　　B. 自动套用格式　　　　C. 复制命令　　　　D. 格式刷按钮

29. 在 Excel 的单元格中输入日期型数据的说法中错误的是（   ）。

    A. 如果只输入月和日，Excel 将用计算机内部时钟的年份作为默认值

    B. Excel 将其可识别的日期视为文本型数据处理

    C. 一般情况下，日期分隔符使用 "-" 或 "/"

    D. 如果双击单元格在其中输入 2-14，假设当前是 2014 年，则当该单元格为活动单元格时，编辑栏中将显示 2014-2-14

30. 在 Excel 中，打开两个工作簿 Book1 和 Book2，在工作簿 Book1 中引用工作簿 Book2 的 Sheet1 工作表中的第 3 行第 5 列单元格，可表示为（   ）。

    A. ［Sheet2］$E$3   B. ［Book2］Sheet1!E3

    C. Book1:Sheet1!E3   D. Sheet1!E3

31. 在 Excel 中，单元格区域 "A1:B3 B2:E5" 包含（   ）个单元格。

    A. 2   B. 25   C. 22   D. 20

32. 在 Excel 中可以依据字母、数字或日期等数据类型按一定顺序进行排序，这种操作称为（   ）。

    A. 分类汇总   B. 筛选   C. 分类排序   D. 排序

33. 在 Excel 中，要在某单元格内输入当天的日期可同时按（   ）键。

    A. Ctrl+;   B. Alt+Shift+;   C. Ctrl+Shift+;   D. Alt+;

34. 下列哪项不能对单元格数据进行格式化操作（   ）。

    A. 单元格格式   B. 格式工具栏   C. 自动填充   D. 格式刷

35. 在 Excel 某单元格中输入 "=" 计算机 ""文化基础""考试"" 后按 Enter 键，单元格内将显示（   ）。

    A. ="计算机""文化基础""考试"   B. "计算机文化基础考试"

    C. 计算机"文化基础"考试   D. 计算机问卷基础考试

36. 在 Excel 中提供了很多已经设置好的表格格式，用户可以很方便地选择所需样式，套用到选定的工作表单元格区域，称为（   ）。

    A. 单元格格式   B. 自动套用格式   C. 表格格式   D. 数据样式

37. 在 Excel 中，如果单元格使用默认的常规数字格式，则下面说法中不正确的是（   ）。

    A. 当要输入的数字长度超过最大限制时，系统会自动将其转换成对应的科学计数法表示形式

    B. 单元格中可输入并显示的数字型数据个数最多 11 个，但小数点和正负号不算在内

    C. 常规单元格格式不包含任何特定的数字格式，如不能包含千分位号 ","

    D. 无论显示的数字位数如何，Excel 都只能保留 15 位的数字精度

38. 在 Excel 中，用户不可以利用（   ）创建各种图表。

    A. 图表工具栏   B. 自动套用格式   C. 图表向导   D. 插入对象

39. 在 Excel 的 "分页预览" 视图方式下，右键单击工作表的任意单元格，在弹出的快捷菜单中执行 "重置所有分页符" 命令，将（   ）。

    A. 所有人工插入的分页符自动重排位置

    B. 删除所有人工插入的分页符

    C. 包括自动插入的分页符在内，所有分页符自动重排位置。

    D. 删除所有的分页符，包括自动插入的分页符

40. 在 Excel 中，使用"格式刷"可快速复制单元格的（　　　）。

　　A. 内容　　　　　　B. 批注　　　　　　　C. 全部　　　　　　　D. 格式

41. 在 Excel 中，下列哪一种方式输入的是分数 1/2（　　　）。

　　A. '1/2　　　　　　B. 1/2　　　　　　　C. 0 1/2　　　　　　D. =1/2

42. 在 Excel 中，关于批注的说法中正确的是（　　　）。

　　A. 可以同时编辑多个批注　　　　　　　B. 在某一个时刻不可以查看所有批注

　　C. 可以同时复制多个批注　　　　　　　D. 一次可以删除多个批注

43. 在 Excel 中，关于工作表和工作簿的隐藏的说法中错误的是（　　　）。

　　A. 工作簿的隐藏可以通过窗口菜单中的相应命令进行操作

　　B. 隐藏的工作表，只要重新打开该工作表的工作簿，可以重新打开该工作表

　　C. 在取消隐藏对话框中双击工作表名，即可取消隐藏

　　D. "格式"菜单中的工作表命令可以隐藏工作表

44. 在 Excel 中，关于排序的说法中错误的是（　　　）。

　　A. 可以按日期进行排序　　　　　　　　B. 可以按多个关键字进行排序

　　C. 不可以自定义排序序列　　　　　　　D. 可以按行进行排序

45. 在 Excel 中，列表的最大标识是（　　　）。

　　A. IV　　　　　　　B. ZZ　　　　　　　C. FF　　　　　　　　D. Z

46. 在 Excel 中，设 A1 单元格值为李明，B2 单元格值为 89，则在 C3 单元格输入"=A1&"数学"&B2"，其显示值为（　　　）。

　　A. A1 数学 B2　　　　　　　　　　　　B. 李明"数学"89

　　C. "李明"数学"89"　　　　　　　　　D. 李明数学 89

47. 在 Excel 中，如果在 Excel 单元格中输入数据后按 Enter 键，则活动单元格是（　　　）。

　　A. 当前单元格下方的单元格　　　　　　B. 下一行的第一个单元格

　　C. 当前单元格的右边单元格　　　　　　D. 保持不变

48. 在 Excel 中，SUM（B2:E5，C3:F6）表示的是求（　　　）个数的和。

　　A. 27　　　　　　　B. 32　　　　　　　C. 9　　　　　　　　D. 25

49. 在 Excel 中，要复制一个单元格的数据到另一个单元格，则在拖动鼠标的过程中需要按住（　　　）键。

　　A. Alt　　　　　　　B. Esc　　　　　　　C. Shift　　　　　　　D. Ctrl

50. 关于数据筛选，下列说法中正确的是（　　　）。

　　A. 筛选条件只能是一个固定值

　　B. 筛选的表格中，只含有符合条件的行，其他行被隐藏

　　C. 筛选的表格中，只含有符合条件的行，其他行被删除

　　D. 筛选条件不能由用户自定义，只能由系统设定

51. 在新建工作簿时，同时打开的工作表数目的最大值是（　　　）。

　　A. 255　　　　　　B. 256　　　　　　　C. 127　　　　　　　D. 3

52. 在 Excel 中关于图表的说法中不正确的是（　　　）。

　　A. 可以更改图表类型　　　　　　　　　B. 可以移动嵌入图表

　　C. 可以改变嵌入图表的大小　　　　　　D. 不能删除数据系列

53. 在 Excel 中，单元格中能显示的汉字字数最大值是（　　）。

    A. 127　　　　　　B. 512　　　　　　C. 1024　　　　　　D. 32767

54. 在 Excel 中，关于输入和编辑公式的错误说法是（　　）。

    A. 公式的运算量最好采用单元格地址

    B. 如果下边的行采用的公式中，运算量位置和公式位置距离相同，则可通过拖动填充柄的方式自动填充

    C. 运算符必须是在英文半角状态下输入

    D. 公式中单元格地址只能敲出，不能用单击相应的单元格的方法取到相应的公式单元格地址

55. 在 Excel 的页面设置中，关于"工作表"选项卡的不正确的说法是（　　）。

    A. 可先列后行打印　　　　　　　　　　B. 不可以设置打印区域

    C. 可进行左端标题列设置　　　　　　　D. 可设置单色打印

56. 在 Excel 中，一个工作簿内有 3 个表 Sheet1、Sheet2、Sheet3，在工作表内复制工作表 Sheet3，则新的工作表名为（　　）。

    A. Sheet4　　　　　B. Sheet3（2）　　　C. 用户自己定义　　　D. Sheet3（A）

57. 在 Excel 中，能使数据清单中的列标题出现下拉箭头的是（　　）。

    A. 排序　　　　　B. 数据记录单　　　　C. 分类汇总　　　　D. 自动筛选

58. 在 Excel 中的某个单元格中输入文字，若要文字能自动换行，可利用"单元格格式"对话框的（　　）选项卡，选择"自动换行"。

    A. 数字　　　　　B. 对齐　　　　　　C. 图案　　　　　　D. 保护

59. 在 Excel 中，关于公式"Sheet2!A1+A2"表述正确的是（　　）。

    A. 将工作表 Sheet2 中 A1 单元格的数据与本表单元格 A2 中的数据相加

    B. 将工作表 Sheet2 中 A1 单元格的数据与单元格 A2 中的数据相加

    C. 将工作表 Sheet2 中 A1 单元格的数据与工作表 Sheet2 中 A2 单元格中的数据相加

    D. 将工作表中 A1 单元格的数据与单元格 A2 中的数据相加

60. 在 Excel 中，下列叙述不正确的是（　　）。

    A. 工作簿以文件的形式保存在磁盘上

    B. 一个工作簿可以同时打开多个工作表

    C. 工作表以文件的形式存在磁盘上

    D. 一个工作簿打开的默认工作表可以由用户自定，但数目须为 1～255

61. 在 Excel 的单元格内输入日期时，年、月、日分隔符可以是（　　）。

    A. "/"或"–"　　　B. "."或"|"　　　　C. "/"或"\"　　　　D. "\"或"–"

62. 在 Excel 中图表中的图表项（　　）。

    A. 不可编辑　　　　　　　　　　　　　B. 可以编辑

    C. 不能移动位置，但可编辑　　　　　　D. 大小可调整，内容不能改

63. 在 Excel 中图表是（　　）。

    A. 照片　　　　　　　　　　　　　　　B. 工作表数据的图形表示

    C. 可以用画图工具进行编辑的　　　　　D. 根据工作表数据用画图工具绘制的

64. Excel 将工作簿的工作表的名称放置在（　　）。

    A. 标题栏　　　　　B. 标签行　　　　　C. 工具栏　　　　　D. 信息行

65. Excel 工作表的最左上角的单元格的地址是（　　　）。

　　A. AA　　　　　　B. 11　　　　　　　C. 1A　　　　　　D. Al

66. 某区域由 Al，A2，A3，B1，B2，B3 六个单元格组成，下列不能表示该区域的是（　　　）。

　　A. Al:B3　　　　　B. A3:B1　　　　　C. B3:Al　　　　　D. A1:B1

67. 在 Excel 中数据标示被分组成数据系列，然后每个数据系列由（　　　）颜色或图案（或两者）来区分。

　　A. 任意　　　　　B. 两个　　　　　　C. 三个　　　　　　D. 唯一的

68. 在 Excel 中用鼠标拖曳复制数据和移动数据在操作上（　　　）。

　　A. 有所不同，区别：复制数据时，要按住 Ctrl 键

　　B. 完全一样

　　C. 有所不同，区别：移动数据时，要按住 Ctrl 键

　　D. 有所不同，区别：复制数据时，要按住 Shift 键

69. 在 Excel 中，利用填充柄可以将数据复制到相邻单元格中，若选择含有数值的左右相邻的两个单元格，左键拖动填充柄，则数据将以（　　　）填充。

　　A. 等差数列　　　B. 等比数列　　　　C. 左单元格数值　　D. 右单元格数值

70. 在 Excel 中，参数必须用（　　　）括起来，以告诉公式参数开始和结束的位置。

　　A. 中括号　　　　B. 双引号　　　　　C. 圆括号　　　　　D. 单引号

71. 在 Excel 中，我们直接处理的对象称为工作表，若干工作表的集合称为（　　　）。

　　A. 工作簿　　　　B. 文件　　　　　　C. 字段　　　　　　D. 活动工作簿

72. 在 Excel 中引用两个区域的公共部分，应使用引用运算符（　　　）。

　　A. 冒号　　　　　B. 连字符　　　　　C. 逗号　　　　　　D. 空格

73. 设 El 单元格中的公式为=A3+B4，当 B 列被删除时，El 单元格中的公式将调整为（　　　）。

　　A. =A3+C4　　　　B. =A3+B4　　　　　C. =A3+A4　　　　　D. #REF!

74. 在 Excel 中活动单元格是指（　　　）的单元格。

　　A. 正在处理　　　B. 每一个都是活动　　C. 能被移动　　　D. 能进行公式计算

75. 向 Excel 工作表的任一单元格输入内容后，都必须确认后才认可。确认的方法不正确的是（　　　）。

　　A. 按光标移动键　　B. 按 Enter 键　　　C. 单击另一单元格　　D. 双击该单元格

76. 在 Excel 中删除工作表中对图表有链接的数据时，图表中将（　　　）。

　　A. 自动删除相应的数据点　　　　　　B. 必须用编辑删除相应的数据点

　　C. 不会发生变化　　　　　　　　　　D. 被复制

77. 在 Excel 中在某单元格中输入"=-5+6*7"，则按回车键后此单元格显示为（　　　）。

　　A. -7　　　　　　B. 77　　　　　　　C. 37　　　　　　　D. -47

78. 在 Excel 中，当公式中出现被零除的现象时，产生的错误值是（　　　）。

　　A. #N/A!　　　　B. #DIV/0!　　　　　C. MUM　　　　　　D. #VALUE!

79. 为了区别"数字"与"数字字符串"数据，Excel 要求在输入项前添加（　　　）符号来确认。

　　A. "　　　　　　B. '　　　　　　　　C. #　　　　　　　D. @

80. 在 Excel 中，要使标题文字相对于表格（含有多列）居中，应使用"开始"菜单功能区中的（　　　）按钮。

　　A. 居中　　　　　B. 分散对齐　　　　C. 合并及居中　　　D. 两端对齐

二、多项选择题

1. 将 Excel 工作表的单元格区域复制到 Word 文档中，在 Word 文档中，Excel 的单元格区域内可以（　　）存在。

    A. 带格式文本（RTF）　　　　　　　　B. 无格式文本　　　C. Excel 工作表对象

    D. 图标　　　　　　　E. 位图

2. 在 Excel 中，实现协同操作的方式有（　　）。

    A. 添加公式　　　　B. 插入一个新工作表　C. 保护工作表　　　D. 使用嵌入对象

    E. 使用链接对象

3. 在 Excel 的默认状态下，（　　）型数据在单元格中的对齐方式是右对齐。

    A. 日期　　　　　　B. 时间　　　　　　　C. 文本　　　　　　D. 数字

    E. 逻辑

4. Excel 的主要功能有（　　）。

    A. 图形、图表功能　B. 列表功能　　　　　C. 表格制作功能　　D. 数据分析功能

    E. 数据处理功能

5. 在 Excel 中，分类汇总可以使用的汇总方式，包括（　　）计算。

    A. 求最大值　　　　B. 求方差　　　　　　C. 求平均值　　　　D. 求最小值

    E. 求和

6. 在 Excel 中，关于打印标题的说法中正确的是（　　）

    A. 标题行必须是工作表中的一整行

    B. 标题行打印的位置可以在页面的顶端

    C. 设置打印标题可实现打印的每一页都具有相同的标题行

    D. 标题行打印的位置可以在页面的左端

    E. 标题行可以是工作表中的开头两行

7. 在 Excel 中，能够直接引起图表中显示的内容有所变化的操作是（　　）。

    A. 把源数据表的内容整体移动到工作表的其他位置

    B. 修改源数据表单元格中的数据

    C. 删除源数据表中的一列

    D. 在源数据表中增加一列，然后执行"图表"菜单的"添加数据"命令

    E. 删除源数据表中的一行

8. 在 Excel 中，若要对数据清单中的数据进行排序，以下说法正确的是（　　）。

    A. 排序时，只有排序关键字对应的列参加排序，其他各列不排序

    B. 要使用工具栏中的排序按钮，首先应选定排序关键字列的其中一个单元格

    C. 可以按"升序"排序，也可以按"降序"排序

    D. 使用"排序"对话框，可以实现按多个关键字进行排序

    E. 使用排序按钮排序时，数据清单中的第一行作为标题行不参加排序

9. 在 Excel 中，如果当前是"打印预览"状态，允许的操作包括（　　）。

    A. 关闭"打印预览"状态　　　　　　　　B. 指定工作表的打印区域

    C. 切换到"分页预览"视图　　　　　　　D. 缩放打印页面

    E. 设置页边距

10. 在 Excel 中，关于分类汇总的说法中正确的是（　　）。

    A. 分类汇总的结果可以被展开，也可以被折叠

    B. 可以同时选定多个汇总项

    C. 若要按数据清单中的"作者"进行分类汇总，首先要按"作者"进行排序

    D. 可以使用多个分类字段

    E. 分类汇总后的结果可以被删除

11. 在 Excel 中，关于批注的说法中正确的是（　　）。

    A. 批注是给单元格加的注释　　　　　　B. 已经添加的批注可以被删除

    C. 已经添加的批注可以被修改　　　　　D. 批注在默认的状态下是自动隐藏的

    E. 同一个批注可以同时添加给多个单元格

12. 在 Excel 中，能够实现在工作表的每一页上都自动打印"第?页"的操作包括（　　）。

    A. 通过"文件"菜单打开"页面设置"对话框，然后添加"页脚"

    B. 通过"插入"菜单执行"页眉和页脚"，然后添加"页脚"

    C. 在"分页预览"状态下，"插入"对象

    D. 通过"视图"菜单，添加"自定义页脚"

    E. 通过"开始"菜单设置"自定义页脚"

13. Excel 中能够实现按条件筛选记录功能的有（　　）。

    A. 分类汇总　　　　B. 条件格式　　　　C. 记录单的条件按钮

    D. 筛选中的自定义筛选　　　　E. 自动套用格式

14. 与其他 office 2010 组件相比，以下属于 Excel 窗口中特有的是（　　）。

    A. 任务窗格　　　B. 工作表编辑区　　　C. 工具栏　　　　D. 编辑栏

    E. 标题栏

15. 下面关于单元格引用的说法中正确的是（　　）。

    A. 单元格引用中，行标识是相对引用而列标识是绝对引用的属于混合引用

    B. 相对引用是指公式中的单元格引用地址随公式所在位置的变化而改变

    C. 不同工作表中的单元格可以相互引用，但是不同工作薄中的单元格不可以相互引用

    D. 绝对引用是指公式中的单元格引用地址不随公式所在位置的变化而改变

    E. 只能引用同一工作表的单元格，不能引用不同工作表的单元格

16. Excel 中图表创建后，可以对图表中的（　　）进行修改。

    A. 图表数据区域　　B. 图表类型　　　　C. 图表所在位置　　　D. 图表大小

    E. 图表名称

17. 下列关于 Excel 公式的说法中正确的是（　　）。

    A. 由于每个单元格中的数据不同，即使是重复的计算也不能复制公式

    B. 输入公式时既可以在单元格中输入，也可以在编辑栏中输入

    C. 公式中的单元格地址引用只能通过键盘输入

    D. 充分灵活的运用公式可以实现数据处理的自动化

    E. Excel 中的公式由参与运算的数据和运算符组成

18. 在 Excel 的条件格式中，用户设定的条件可以是以下哪种格式（　　）。

    A. 单元格数值等于特定单元格的文本内容

    B. 单元格数值等于某固定值与某特定单元格的数值之和

C. 单元格数值介于某两个特定单元格的数值之和

D. 单元格数值介于某两个固定值之间

E. 单元格数值大于或等于某特定单元格的数值

19. 在 Excel 中，如果当前是"打印预览"状态，允许的操作包括（　　　）。

A. 指定工作表的打印区域　　　　　　　B. 缩放打印页面

C. 设置页边距　　　　　　　　　　　　D. 切换到"分页预览"视图

E. 关闭"打印预览"状态

20. 下列操作中，退出 Excel 程序的正确方法有（　　　）。

A. 单击 Excel 窗口中菜单栏最右端的"关闭"按钮

B. 单击"文件"菜单中的"退出"命令

C. 双击 Excel 窗口中标题栏最左端的控制菜单图标

D. 使用快捷键 Alt+F4

E. 单击 Excel 窗口中标题栏最左端的控制菜单图标，再单击其中的"关闭"命令

21. 在 Excel 中，能够实现按条件筛选并只显示符合条件记录的方法有（　　　）。

A. 使用"记录单"对话框中的"条件"按钮

B. 使用"高级筛选"

C. 使用"分类汇总"

D. 使用"自动套用格式"

E. 使用"自动筛选"

22. 在 Excel 中，按住鼠标左键直接拖动填充柄在相邻的多个单元格中填充数据系列，具有自动加 1 可能的是（　　　）。

A. 时间型　　　　　　　　　　　　　　B. 具有增减可能的文字型

C. 数值型　　　　　　　　　　　　　　D. 以定义好的自定义序列

E. 日期型

23. 在 Excel 中，关于"格式"菜单中的"自动套用格式"命令的说法中正确的是（　　　）。

A. 自动套用格式包括了字体、对齐方式等的格式设置

B. 可以通过对话框中的"无"来删除自动套用格式

C. 自动套用中，不能设定行高和列宽的自动控制

D. 可以在自动套用格式对话框中选择某一格式组合

E. 自动套用格式不能选择某一格式组合的部分格式

24. 在 Excel 中，关于粘贴函数，下列能显示粘贴函数对话框的是（　　　）。

A. 单击常用工具栏中的自动求和　　　　B. 在单元格中输入函数

C. 使用插入菜单中的函数　　　　　　　D. 使用常用工具栏中的粘贴函数

E. 在编辑栏内单击等号开始从下拉列表框中选择常用函数

25. 在 Excel 中，单元格内默认右对齐的是（　　　）。

A. 时间型数据　　　B. 文本型数据　　　C. 字符型数据　　　D. 数值型数据

E. 日期型数据

26. 在 Excel 中，关于分页符，在普通视图下可以进行的操作是（　　　）。

A. 插入垂直分页符　　　　　　　　　　B. 移动分页符

C.　插入水平分页符　　　　　　　　　　　D.　删除分页符

E.　选择"重置所有分页符"可删除所有人工设置的分页符

27.　在 Excel 中，下列哪些输入方式输入的是日期型数据（　　　）。

A.　2004/09/05　　B.　9/5　　　　　　C.　09/05/2004　　　　D.　5-SEP

E.　SEP/9

28.　在 Excel 中，在单元格格式对话框中可进行的操作是（　　　）。

A.　可对单元格边框的颜色进行设置　　　B.　可设置字体、字形、字号

C.　可设置单元格的修改密码　　　　　　D.　可对单元格的数据进行方向的格式设置

E.　可对各种类型的数据进行相应的显示格式设置

29.　在 Excel 中包含的运算符有（　　　）。

A.　文本运算符　　　B.　逻辑运算符　　　C.　比较运算符　　　D.　引用运算符

E.　算术运算符

30.　在 Excel 中，可以设置行高的操作方法是（　　　）。

A.　选定相应行中的某一单元格，使用"格式"菜单中的相应命令

B.　双击行标题下的边界

C.　将某一行的行高复制到该行中

D.　拖动行标题的下边界来设置所需的行高

E.　选定相应的行，使用"格式"菜单中的相应命令

31.　向工作表的任意单元格输入内容后，都必须确认后才认可。确认的方法有（　　　）。

A.　双击该单元格　　B.　按 Enter 键　　　C.　单击另一单元格　　D.　按光标移动键

E.　单击编辑区中的"√"按钮

32.　下列 Excel 公式输入的格式中，（　　　）是正确的。

A.　=SUM(1,2,…,9,10)　　　　　　B.　=SUM(E1:E6)　　　C.　=SUM(A1；E7)

D.　=SUM("18","25",7)　　　　　　E.　=SUM(A1:A10,$A$8)

33.　在 Excel 电子表格中，设 A1、A2、A3、A4 单元格中分别输入：3、星期三、5x、2002-4-13，则下列可以进行计算的公式是（　　　）。

A.　=A1^5　　　　B.　=A2 +1　　　　C.　=A3+6x+1　　　　D.　=A4+1

E.　=A2&A3

34.　对单元格的清除和删除操作正确描述的有（　　　）。

A.　删除是对单元格的操作，执行删除后，单元格不保留。

B.　清除是指对单元格数据的操作，数据被清除后，单元格保留。

C.　选择"开始"菜单编辑功能区中的"清除"（包括"全部""格式""内容""批注"4 项）中的命令，则不保留任何格式。

D.　选择"开始"菜单编辑功能区中的"清除"（包括"全部""格式""内容""批注"4 项）中的"全部"命令，原单元格不保留。

E.　单元格内容的清除，可使用选定单元格后直接按 Delete 键的方法。

三、判断题

1.　在 Excel 中，单元格能够自动调整它的宽度以适应输入的字符长度。（　　　）

2.　在 Excel 中，使用"记录单"命令删除的数据清单记录不可以再恢复。（　　　）

3. 在 Excel 中使用自动套用格式时必须完全按照系统提供的格式套用，不能做任何改动。（　　　）

4. Excel 中要修改某公式，只能在公式所在单元格内修改。（　　　）

5. 在 Excel 中，嵌入式图表只能单独打印，不能和工作表中的数据一起打印。（　　　）

6. 在 Excel 中，如果按照日期型字段的升序进行排序，年龄大的记录肯定排在数据清单的后面。（　　　）

7. 在 Excel 的"页面设置"对话框中将缩放比例设置为 60%，实际打印时占用的纸张空间将变小。（　　　）

8. Excel 公式中，比较运算符的运算优先级最低。（　　　）

9. 在 Excel 中，执行"打印预览"前，必须正确安装打印机驱动程序。（　　　）

10. 在 Excel 中，一张工作表中可以同时创建多个数据清单。（　　　）

11. 在 Excel 中，与排序不同，筛选并不重排数据清单中的数据，只是暂时隐藏不必显示的记录。（　　　）

12. 在 Excel 的工作表中嵌入图表后，可以改变图表标题的位置。（　　　）

13. 对数据表进行排序时可以使用一列数据作为一个关键字段进行排序，也可以使用多列数据作为关键字段进行排序。（　　　）

14. 在 Excel 中不能复制某行的行高到其他行。（　　　）

15. Excel 中百分号符号"%"既属于数字型数据，又属于算术运算符。（　　　）

16. Excel 中，不能设置工作薄的自动保存时间间隔。（　　　）

17. Excel 中条件格式设定好之后还可以进行添加、更改或删除条件操作。（　　　）

18. Excel 公式中，比较运算符的运算优先级最低。（　　　）

19. 通过"格式"工具栏上的工具按钮，可以设置单元格内文字的水平对齐和垂直对齐方式。（　　　）

20. Excel 批注中的字体及大小无法修改，只能使用默认设置。（　　　）

21. 在 Excel 中单元格能够自动调整它的宽度以适应用户输入的字符长度。（　　　）

22. Excel 系统新建工作簿中包含的工作表数目被修改后，在当前已打开的文档中即可生效，因此可以用这种方式在工作簿中添加工作表。（　　　）

23. 在 Excel 中，选中 D8 单元格，单击"插入"菜单中的"分页符"，可同时插入水平、垂直两个分页符。（　　　）

24. 在 Excel 中百分比格式的数据单元格，删除格式后，数字不变，仅仅去掉百分号。（　　　）

25. 在 Excel 中，如果公式中仅出现函数，则该公式一定不会出现错误信息。（　　　）

26. 启动 Excel，若不进行任何设置，则默认工作表数为 3 个。（　　　）

27. 对于选定的区域，若要一次性输入同样的数据或公式，可在该区域左上角单元格中输入数据公式，按 Ctrl+Enter 组合键，即可完成操作。（　　　）

28. 复制或移动工作表使用同一个对话框。（　　　）

29. 在 Excel 中，双击工作表标签，输入新名称，即可修改相应的工作表名。（　　　）

30. 在 Excel 中，在单元格格式对话框中，不可以进行单元格的保护设置。（　　　）

31. 隐藏是指被用户锁定且看不到单元格的内容，并非从表格中删除。（　　　）

32. 在工作表上插入的图片不属于某一单元格。（　　　）

33. Excel 中的工作簿是工作表的集合。（　　　）

34. 在 Excel 中，图表一旦建立，其标题的字体、字形是不可改变的。（　　　）

35. 在 Excel 中进行单元格复制时，无论单元格是什么内容，复制出来的内容与原单元格总是完全一致的。（　　　）

5.3　实验操作

5.3.1　实验一

一、实验目的

（1）掌握建立 Excel 2010 工作簿的方法。

（2）掌握 Excel 2010 工作表的基本操作。

（3）掌握在工作表中输入数据的方法。

（4）使用填充柄进行自动填充。

（5）掌握工作表及表中数据的格式化方法。

二、实验任务

（1）启动 Excel 2010，并按照如图 5-1 所示进行表格信息输入。

	A	B	C	D	E	F
1	学生基本情况表					
2	学号	姓名	性别	出生日期	籍贯	入学成绩
3	001	杨晓娜	女	1992/10/12	青岛	565
4	002	毕小菲	男	1992/8/19	滨州	543
5	003	杜俊	女	1990/12/25	泰安	588
6	004	许亚军	男	1991/5/11	泰安	569
7	005	付斌	男	1992/1/22	临沂	555
8	006	赵学建	男	1992/11/23	肥城	570
9	007	王丹丹	女	1990/6/24	青岛	578
10	008	郭玉萍	女	1992/2/5	日照	545
11	009	冯振振	女	1991/1/26	济宁	573
12	010	李东	男	1992/9/7	泰安	599

图 5-1　学生基本情况表

（2）单元格内容的输入。"学号"信息为文本类型，而非数值类型。"出生日期"信息为日期型。

（3）在"籍贯"列前插入一列"政治面貌"。

（4）将 B5 单元格插入批注，内容为"特困生"。

（5）将工作表 Sheet2 重命名为"电子商务专业"，删除 Sheet3。

（6）将工作簿文件保存为 D:\学生基本情况表.xlsx。

三、实验步骤

1. 数据输入

（1）单击"开始"菜单→Microsoft Office→启动 Microsoft Excel 2010，在 A1 单元格输入"学生基本情况表"，按 Enter 键。

（2）"姓名""性别""籍贯"等信息为纯文本型，可以直接输入。

（3）"学号"信息为文本类型，而非数值类型，因此在 A3 中首先要输入英文状态下的小撇"'"，然后输入"001"。

（4）A4：A12 单元格的数据采用自动填充的完成，方法如下：选中 A3 单元格→指向填充柄（单元格右下角鼠标指针变为黑色十字光标）→按下左键向下拖动。

（5）"出生日期"信息为日期型，在 D3 中输入 "1992-10-12" 或者 "1992/10/12"，D4:D12 依次类推。

（6）"入学成绩"信息为纯数值型，可以直接输入。

2．"插入"行列

选中"籍贯"列，选择"开始"选项卡→"单元格"组→"插入"→"插入工作表列"（也可选中"籍贯"列→单击右键→"插入"），在 E2 单元格中输入列标题"政治面貌"。

新插入的行位于当前选定行的上方，新插入的列位于当前列的左列。

3．"批注"的输入

选中 B5 单元格，单击鼠标右键选择"插入"→"批注"命令，在单元格右上角出现的批注输入框中输入"特困生"，确定之后此单元格右上角显示红色三角。

4．重命名及删除工作表

重命名包括以下几种方法。

方法 1：双击 Sheet2，使其呈黑色显示状态时输入"电子商务专业"。

方法 2：在 Sheet2 上单击鼠标右键，在弹出的菜单中选择"重命名"→"电子商务专业"。

方法 3：单击"单元格"组→格式→组织工作表→重命名工作表→"电子商务专业"。

删除工作表 Sheet3：在 Sheet3 上单击鼠标右键→删除命令，如图 5-2 所示。

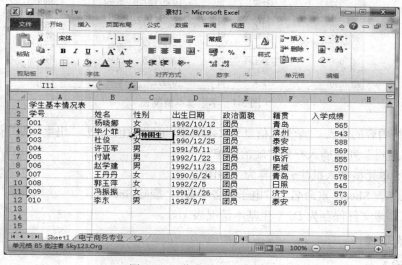

图 5-2　工作表最后显示效果

5．保存文件

方法 1：单击快速工具栏中的保存按钮。

方法 2：Ctrl+S。

方法 3：单击"文件"选项卡→"保存"。

不管用哪种保存方法，如果是新建文件，都会弹出"另存为"对话框，在该对话框中选择保存位置（如 D:\），在"文件名"框中输入文件名（学生基本情况表.xlsx），然后单击"保存"按钮。

5.3.2　实验二

一、实验目的

（1）掌握单元格的"合并及居中"。

（2）掌握行高与列宽的调整、对齐方式的设定。

（3）掌握边框及底纹的设定、数据格式的设定。

二、实验任务

（1）按照图 5-3 输入工作表的数据，在输入数据时注意填充柄的简单使用。

	A	B	C	D	E	F	G
1	济南机场部分出港时刻表						
2	执行日期：2007年4月1日						
3	航程	航班号	起飞时间	到达时间	班期	机型	票价
4	长春	CZ3633	16:50	18:40	1、5	320	960
5		CZ6442	17:00	18:50	2、4、5、	319	
6	青岛	SC4602	14:30	15:10	每日	733	480
7	大连	3U8811	10:55	11:55	2、4、6	320	910
8		CZ6436	22:40	23:40	1、3、5	319	
9	昆明	SC1197	8:00	11:50	每日	738	1880
10		SC4905	15:45	20:00		737	
11		8L9930	20:30	23:20		737	
12							

图 5-3　济南机场部分出港时刻表

（2）将"济南机场部分出港时刻表"作为表格标题居中，字体楷体，字号 24 号，加粗，字体颜色红色。

（3）将 A2:G2、A4:A5、G4:G5、A7:A8、G7:G8、A9:A11、G9:G11 单元格区域合并及居中。

（4）将 A3:G11 设置行高为 25，列宽为 10，并居中对齐方式。

（5）对 A3:G11 设置边框，其中外框线为粗实线，内框线为细实线，并将表格填充为灰色。

（6）"票价"列数据添加人民币符号￥，设置小数位数为 0。

三、实验步骤

1.　数据输入

（1）在 A1 单元格输入"济南机场部分出港时刻表"，按 Enter 键。

（2）在 A2 单元格输入"执行日期：2007 年 4 月 1 日"，按 Enter 键；用同种方法按如图 5-3 所示分别输入数据。

（3）选中 E9 单元格，把鼠标放在 E9 单元格的填充柄处（单元格右下角鼠标指针变为黑色十字光标），按住鼠标左键，拖动鼠标至 E11，所有数据输入结束。

2.　标题格式设定

（1）选中 A1 单元格，按下鼠标左键拖动至 G1，以选中 A1:G1，然后单击"对齐方式"组的"合并及居中"按钮，如图 5-4 所示。将 A1:G1 合并为一个单元格，且标题在此单元格内居中。

（2）单击"字体"组 宋体 右边向下按钮，选择"楷体"。

（3）单击"字体"组 12 右边向下按钮，选择"24"号字体，然后单击加粗按钮 B，字体颜色红色 A。

图 5-4 "合并及居中"按钮

3. 表格内容格式设定

（1）选中第 3 行，按下左键拖至第 11 行，以选中第 3 到 11 行，鼠标右键单击选择"行高"，弹出行高设置对话框，输入 25，如图 5-5 所示。

（2）选中 A 列，按下左键拖至 G 列，以选中 A 至 G 列，右键单击选择"列宽"命令，弹出列宽设置对话框，输入 10，如图 5-6 所示。

图 5-5 "行高"对话框

图 5-6 "列宽"对话框

 说明　设置行高列宽的另一种方法，即选择"开始"选项卡→"单元格"组→"格式"下拉按钮→"行高""列宽"命令。

（3）选中 A3:G11，在"对齐方式"组中单击"居中"按钮。更复杂的设置方法，可通过单击"对齐方式"组右下角　按钮，弹出"单元格格式"对话框，选择"对齐"选项卡，如图 5-7 所示。在"水平对齐"下拉列表中选中"居中"，单击"确定"按钮。

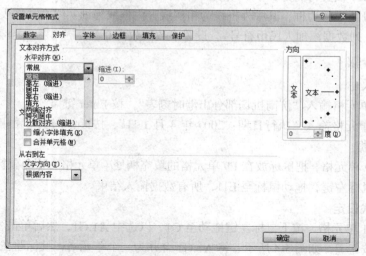

图 5-7 "单元格格式"对话框

4. 边框及底纹设定

（1）选中 A3:G11，鼠标右键单击选择"设置单元格格式"→"单元格"，弹出"设置单元格格式"对话框，选择"边框"选项卡。

（2）选中"线条"→"样式"中的"细实线"，然后单击"预置"→"内部"。

（3）选中"线条"→"样式"中的"粗实线"，然后单击"预置"→"外边框"，如图 5-8 所示。

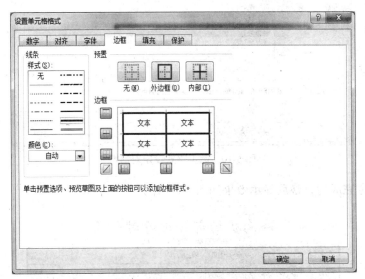

图 5-8　边框设定对话框

（4）单击图 5-8 中的"填充"选项卡，如图 5-9 所示，选择颜色为"灰色"（第三行第一个），单击"确定"按钮。

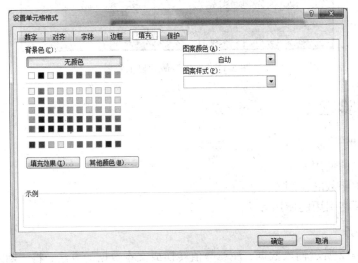

图 5-9　底纹设定对话框

5．数值格式设定

（1）选中 G4:G11，鼠标右键单击"设置单元格格式"→"单元格"，弹出"设置单元格格式"对话框，选择"数字"选项卡，如图 5-10 所示。

（2）在"分类"列表中选择"货币"，"小数位数"设置为"0"，单击"确定"按钮。

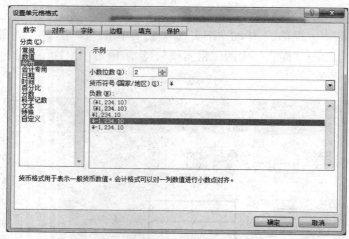

图 5-10   数据格式设定对话框

所有格式设定完成后，最后显示效果如图 5-11 所示。

济南机场部分出港时刻表
执行日期：2007年4月1日

航程	航班号	起飞时间	到达时间	班期	机型	票价
长春	CZ3633	16:50	18:40	1、5	320	￥960
	CZ6442	17:00	18:50	2、4、5、7	319	
青岛	SC4602	14:30	15:10	每日	733	￥480
大连	3U8811	10:55	11:55	2、4、6	320	￥910
	CZ6436	22:40	23:40	1、3、5	319	
昆明	SC1197	8:00	11:50	每日	738	￥1,880
	SC4905	15:45	20:00	每日	737	
	8L9930	20:30	23:20	每日	737	

图 5-11   工作表最后显示效果

5.3.3   实验三

一、实验目的

（1）掌握公式的使用方法。

（2）掌握常用函数的使用方法。

（3）掌握单元格引用的使用方法。

二、实验任务

（1）按如图 5-12 所示输入数据，注意数值转换成文本数据的方法；将"期末课程考试成绩登记表"作为表格标题居中，并设定一定的格式（可自行设定）。

（2）运用公式计算，完成"折合成绩（按 70% 计算）"和"课程总成绩"的计算。

（3）运用 RANK 函数完成"班级名次"的计算。

（4）在 E15 中输入"总分"，在 F15 中运用 SUM 函数计算所有学生的总成绩；在 E16 中输入"平均分"，在 F16 中运用 AVERAGE 函数计算所有学生的平均分，再将 A2:G14 单元格添加边框。

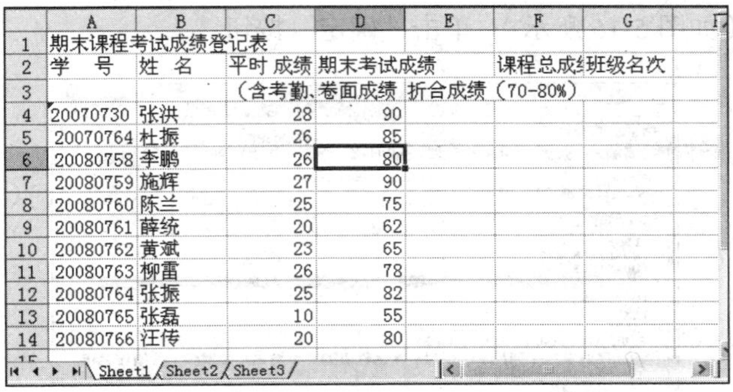

	A	B	C	D	E	F	G
1	期末课程考试成绩登记表						
2	学　号	姓　名	平时成绩	期末考试成绩		课程总成绩	班级名次
3			(含考勤、	卷面成绩	折合成绩	(70-80%)	
4	20070730	张洪	28	90			
5	20070764	杜振	26	85			
6	20080758	李鹏	26	80			
7	20080759	施辉	27	90			
8	20080760	陈兰	25	75			
9	20080761	薛统	20	62			
10	20080762	黄斌	23	65			
11	20080763	柳雷	26	78			
12	20080764	张振	25	82			
13	20080765	张磊	10	55			
14	20080766	汪传	20	80			

图 5-12　学生成绩表

三、实验步骤

1. 数据输入

（1）在 A1 单元格中输入表格的标题“期末课程考试成绩登记表”，同时选中 A1:G1 单元格区域“合并单元格并居中”；在 A2 至 G2 等单元格中输入“学号”“姓名”“课程总成绩”和“班级名次”等表头名称，并将表中单元格 A2:A3、B2:B3、F2:F3、G2:G3 分别“合并后居中”。

（2）拖动列标中缝线，适当调整各列宽度，如图 5-13 所示。

	A	B	C	D	E	F	G
1	期末课程考试成绩登记表						
2	学　号	姓　名	平时成绩	期末考试成绩		课程总成绩	班级名次
3			(含考勤、作业、期中考试等：20-30%)	卷面成绩	折合成绩（70-80%）		

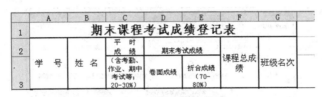

图 5-13　表格中表头格式

（3）按如图 5-12 所示输入 A 列至 D 列的数据。选中 A4:A14 单元格区域，右键单击“设置单元格格式”→“单元格”→“数字”→“文本”，完成对 A4:A14 中数值数据到文本数据的转换。

2. 公式计算

（1）选中 E4，单击编辑栏中的“编辑公式”按钮 f_x 自动插入一个等号“=”，然后输入运算表达式“D4*0.7”，如图 5-14 所示，按 Enter 确定，再选定 E4 单元格，拖动其右下角的填充柄至 E14，完成折合成绩的计算。

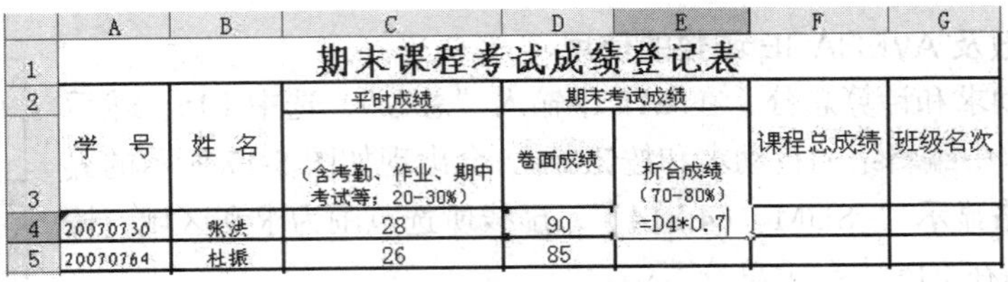

	A	B	C	D	E	F	G
1	期末课程考试成绩登记表						
2	学　号	姓　名	平时成绩	期末考试成绩		课程总成绩	班级名次
3			(含考勤、作业、期中考试等：20-30%)	卷面成绩	折合成绩（70-80%）		
4	20070730	张洪	28	90	=D4*0.7		
5	20070764	杜振	26	85			

图 5-14　公式输入

（2）选定 F4，输入公式“=C4+E4”，按 Enter 确定，再选定 F4 单元格，拖动填充柄至 F14，完成课程总成绩的计算。

3. RANK 函数的使用

（1）选定 G4 单元格，单击编辑栏上的“f_x”按钮插入函数。

（2）在“选择类别”下拉列表中选择“统计”选项；“选择函数”列表中选择“RANK.AVG

或 RANK.EQ"函数（如图 5-15 所示），单击"确定"按钮。

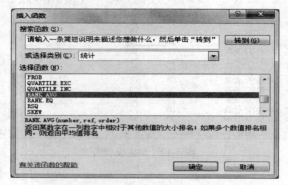

图 5-15 "插入函数"对话框

（3）在"函数参数"对话框中，在第一行中选定 F4（需要运算名次的学生），在第二行中选定绝对引用区域$F$4:$F$14（所有学生，注意是"绝对引用"），第三行参数可忽略或输入 0（排序方式，忽略或 0 为降序，非 0 为升序），如图 5-16 所示，单击"确定"按钮，并拖动填充柄至 G14，完成班级名次计算。

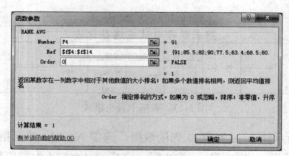

图 5-16 RANK 函数参数设置对话框

说明　书写公式时，除字符串内部，所有标点符号都应使用英文半角输入。

4. SUM 函数及 AVERAGE 函数的使用

（1）采用自动求和计算总分，在 E15 中输入"总分"，选中 F15，然后单击"开始"菜单中编辑组的自动求和按钮 Σ，会出现如图 5-17 所示的界面，在 F15 单元格显示"=SUM（F4:F14）"，虚线所选范围为求和区域，按 Enter 键确定，则在 F15 中显示总分。

（2）运用插入 AVERAGE 函数计算所有学生的平均分，在 E16 中输入"平均分"，选中 F16 中，单击"插入函数"按钮 fx，打开"插入函数"对话框（如图 5-18 所示），在"选择函数"列表中选择 AVERAGE，然后单击"确定"按钮，弹出如图 5-19 所示的对话框。

课程总成绩	班级名次
91	1
85.5	3
82	5
90	2
77.5	7
63.4	10
68.5	9
80.6	6
82.4	4
48.5	11
76	8
=SUM(F4:F14)	

图 5-17 自动求和

在"Number1"编辑框输入需要求平均值的范围"F4:F14"，然后单击"确定"按钮，则在 F16 中显示学生的平均分。

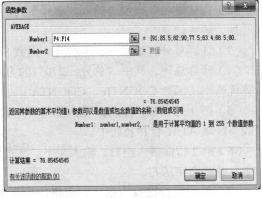

图 5-18　"插入函数"对话框　　　　　　图 5-19　AVERAGE 函数对话框

　　为单元格添加边框：选中 A2:G14 单元格，在"开始"的"字体"选项卡中，单击"边框线"右侧的三角，选择其中的"全部框线"，效果如图 5-20 所示。

学　号	姓　名	平　时成　绩（含考勤、作业、期中考试等；20～30%）	期末考试成绩		课程总成绩	班级名次
			卷面成绩	折合成绩（70～80%）		
20070730	张洪	28	90	63	91	1
20070764	杜振	26	85	59.5	85.5	3
20080758	李鹏	26	80	56	82	5
20080759	施辉	27	90	63	90	2
20080760	陈兰	25	75	52.5	77.5	7
20080761	薛统	20	62	43.4	63.4	10
20080762	黄斌	23	65	45.5	68.5	9
20080763	柳蕾	26	78	54.6	80.6	6
20080764	张振	25	82	57.4	82.4	4
20080765	张磊	10	55	38.5	48.5	11
20080766	汪传	20	80	56	76	8
				总分	845.4	
				平均分	76.85454545	

期末课程考试成绩登记表

图 5-20　成绩表最终效果图

5.3.4　实验四

一、实验目的

（1）公式和函数的进一步应用。

（2）掌握工作表格式化。

二、实验任务

（1）在工作表 Sheet1 中输入以下数据，如图 5-21 所示。

姓名	性别	高等数学	大学英语	计算机基础	总分	总评
李德华	男	78	80	90		
李志	男	89	86	80		
王晓迪	女	79	75	86		
林鹏	男	90	92	88		
毕晓君	女	96	95	97		
熊伟达	男	69	74	79		
张晨晨	女	54	66	44		
林建君	女	72	79	80		
最高分						
平均分						

图 5-21　电商班成绩表

（2）在"姓名"列左边插入"学号"列，使用填充柄输入学号。在"性别"列右边插入"民族"列，输入信息。

（3）计算总分、最高分、平均分（函数 SUM、MAX、AVERAGE）。

（4）计算总评，其中"总分>=270"的为优秀（函数 If）；H13 单元格输入文字"优秀率"，计算优秀率（函数 COUNTIF、COUNTA）。

（5）第 1 行前插入空行，输入文字"电商班成绩表"，设置字体粗楷体、蓝色、16 号、下画双线，区域 A1:I1 合并及居中。

（6）第 2 行前插入空行，输入文字"制表日期：2015-11-11"为隶书、倾斜，区域 A2:I2 合并居中，并将文字居右。

（7）将标题行设置为粗体，表格内容水平、垂直居中；表格外框为最粗实线，内框为最细实线。

（8）标题行行高 20 磅，其他各行为"自动调整行高"；各列宽设置为"自动调整列宽"，"总评"列宽为 8 磅。设置最后一行的底纹为其他颜色，RGB 值分别为：150，150，255。

三、实验步骤

1. 工作表创建与操作

按如图 5-21 依次输入数据，选择"姓名"列，单击鼠标右键选择"插入"，在"姓名"列前插入一空列，A1 单元格输入"学号"，A2 单元格输入"20130001"，鼠标指向 A2 单元格右下角呈黑色十字型按住 Ctrl 键同时拖动填充柄至 A9 单元格。选择 D 列"高等数学"列，单击鼠标右键选择"插入"，在 D1 单元格输入"民族"，在 D2 单元格输入"汉"，拖动填充柄至 D9 单元格。

2. 学生成绩计算

（1）选中 H2 单元格，单击"开始"选项卡中"编辑"组的自动求和按钮 Σ，按 Enter 键确认，鼠标放 H2 单元格右下角呈黑色十字型拖动填充柄至 H9 单元格。

（2）选中 E10 单元格，单击插入函数按钮 f，选择 MAX 函数，如图 5-22 所示。函数参数 E2:E9，按 Enter 键确认。横向拖动填充柄至 H10，计算出各学科及总分列的最高分。

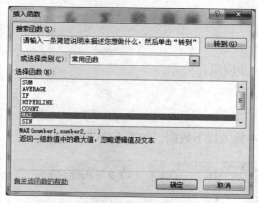

图 5-22　插入函数

（3）选中 E11 单元格，单击插入函数按钮 f，选择 AVERAGE 函数，函数参数 E2:E9，如图 5-23 所示，按 Enter 键确认。横向拖动填充柄至 H11，计算出各学科及总分列的平均值。

3. 计算总评

选中 I2 单元格，单击插入函数按钮 f 框中输入 f =IF(H2)>=270,"优秀","") ，按 Enter 键确认，然后拖动右下角填充柄至 I9 单元格，I5 及 I6 单元格显示为"优秀"。

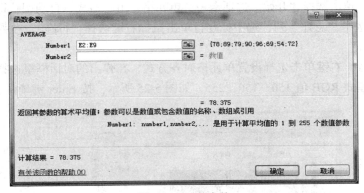

图 5-23　函数参数

在 H13 单元格输入文字"优秀率"，然后选中 I13 单元格，如上方法，在插入函数按钮 *fx* 框中输入 *fx* =COUNTIF(I2:I9,"优秀")/COUNTA(I2:I9)，I13 显示结果 0.25。

> IF 函数的基本格式为 if（条件表达式，表达式 1，表达式 2）；当条件表达式的结果为"真"时，表达式 1 的值作为 if 函数的返回值，否则，表达式 2 的值作为 If 函数的返回值。例如，if（a>b，a，b），表示当 a>b 运算结果为"真"时，，函数返回值为 a，否则为 b。If 函数是可以嵌套使用的。

4．工作表格式化

单击行号 1，选中第一行后单击鼠标右键，选择"插入"一空行，然后再 A1 单元格里输入文字"电商班成绩表"。拖动鼠标选中 A1:I1，单击"开始"选项卡→"对齐方式"组中的"合并及居中"按钮 。然后在"字体"组中设置楷体、字号 16 号、蓝色、粗体按钮 **B** 及下划线按钮 **U**。

依上述方法，单击行号 2，选中第二行后单击鼠标右键，选择"插入"，然后再 A2 单元格里输入"制表日期：2015-11-11"。拖动鼠标选中 A2:I2，单击"开始"选项卡→"对齐方式"组中的"合并及居中"按钮 。然后在字体组中设置隶书、字号 11 号、倾斜按钮 *I*、段落组中文字右对齐 。

选中标题行，单击"开始"选项卡→"字体"组中粗体按钮 **B**。选中 A2:I15 单元格，单击鼠标右键选择设置单元格格式，在"对齐"选项卡中选择"水平对齐""垂直对齐"都居中。在"边框"选项卡中选择外边框为最粗实线，内边框为最细实线，如图 5-24 所示，按 Enter 键确认。

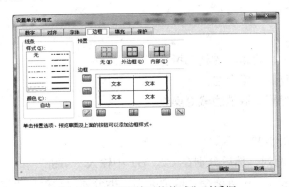

图 5-24　"设置单元格格式"对话框

选中标题行单击鼠标右键选择"行高"，在弹出的对话框里输入 20，按 Enter 键确定。然后选择第 3 至 15 行，单击选择"开始"选项卡→"单元格"组→格式→自动调整行高。最适合列宽同此方法。然后选中"总评"列，选中标题行单击鼠标右键选择"行高"，在弹出的对话框里输入 8。

选中第 15 行，右键单击选择设置单元格对齐方式，在弹出的对话框里选择填充→其他颜色→自定义→颜色模式 RGB 值 150，150，255，如图 5-25 所示，按 Enter 键确认。

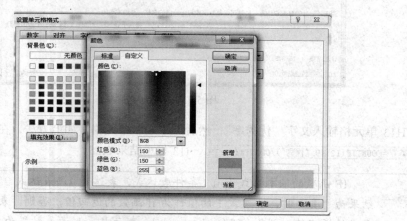

图 5-25　设置颜色对话框

电商班成绩表最终效果图如图 5-26 所示。

	学号	姓名	性别	民族	高等数学	大学英语	计算机基础	总分	总评
1					电商班成绩表				
2									2015/11/11
3	学号	姓名	性别	民族	高等数学	大学英语	计算机基础	总分	总评
4	20130001	李德华	男	汉	78	80	90	248	
5	20130002	李志	男	汉	89	86	80	255	
6	20130003	王晓迪	女	汉	79	75	86	240	
7	20130004	林鹏	男	汉	90	92	88	270	优秀
8	20130005	毕晓君	女	汉	96	95	97	288	优秀
9	20130006	熊伟达	男	汉	69	74	79	222	
10	20130007	张晨晨	女	汉	54	66	44	164	
11	20130008	林建君	女	汉	72	79	80	231	
12		最高分			96	95	97	288	
13		平均分			78.375	80.875	80.5	239.75	
14									
15								优秀率	0.25

图 5-26　电商班成绩表最终效果图

5.3.5　实验五

一、实验目的

（1）掌握行列的插入、隐藏、冻结和拆分。

（2）掌握工作表的复制、重命名。

（3）掌握工作表的隐藏、取消隐藏等操作。

二、实验任务

工作表所需数据如图 5-27 所示。

（1）在 C 列前插入两列，然后分别在 C2、D2 中输入"单价"和"数量"，对这两列设置隐藏和取消隐藏操作，对第一列设置冻结、取消冻结、拆分和取消拆分等操作。

（2）在 Sheet2 之前制作 Sheet1 的两个副本 Sheet1（2），然后对 Sheet1 和 Sheet1（2）分别重命名为"一月业绩"和"二月业绩"。

（3）在 Sheet2 之前插入一个新的工作表，并输入与第一个工作表相同的内容，并重命名为"三月业绩"，并对此工作表设置隐藏和取消隐藏操作。

（4）将该工作表以"个人销售业绩表.xlsx"为文件名另存到"我的文档"中。

图 5-27　个人销售业绩表

三、实验过程

1. 列或行的操作

（1）插入和删除：选中 C 列（单击列标"C"，即选中 C 列；单击行号"1"，即选中第一行），单击"开始"选项卡→"单元格"组→"插入"按钮→"插入工作表列"（见图 5-28），即可完成插入。

图 5-28　"插入"菜单

也可以选中 C 列后，右键单击选择"插入"命令（见图 5-29）即可；用同种方法再插入一列。

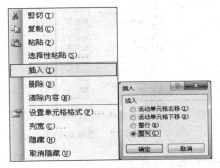

图 5-29　快捷菜单

- 可以用类似方法来插入行，选用菜单插入行时，单击"开始"选项卡→单元格组→"插入"按钮→"插入工作表行"。
- 选择几行或几列，即可插入几行或几列。
- 行或列的删除，需单击"开始"选项卡→单元格组→"删除"；也可右键单击→"删除"命令。
- 选择几行或几列，即可删除几行或几列。

（2）分别在 C2、D2 中输入"单价"和"数量"，效果如图 5-31 所示。

（3）隐藏和取消隐藏：选中 C 列和 D 列，然后单击"开始"选项卡→单元格组→"格式"按钮→"可见性"→"隐藏列"（见图 5-30），图 5-31 所示为隐藏前，完成这两列的隐藏，隐藏后效果如图 5-32 所示；取消隐藏，即单击"开始"选项卡→单元格组→"格式"按钮→"可见性"→"取消隐藏"。

- 行的隐藏与取消隐藏，操作与列类似，单击"开始"选项卡→"单元格"组→"格式"按钮→"可见性"→"隐藏行"，或者单击"开始"选项卡→"格式"→"可见性"→"取消隐藏"。
- 选择几行或几列，即可隐藏几行或几列。

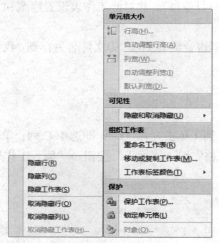

图 5-30　设置列隐藏命令

冻结和取消冻结拆分：选中第二列（对第几列设置拆分或冻结，要选择它的下一列进行操作），然后单击"视图"选项卡→"窗口"组→"冻结窗格"，如图 5-33 所示。

图 5-31　隐藏前效果

图 5-32　隐藏后效果

图 5-33　设置冻结/取消冻结窗格

此时，第一列被冻结，当向右查看工作表时，第一列不再移动；可用类似方法可对行（选择行）实现冻结。

取消冻结，即单击"视图"选项卡→"窗口"组→"取消冻结窗格"。

拆分/隐藏与冻结类似，选中列或行后，单击"视图"选项卡→"拆分"/"隐藏"→"取消拆分"/"取消隐藏"，即可实现工作表的拆分/隐藏和取消。

2．工作表的复制和重命名

（1）为工作表 Sheet1 制作副本，右键单击 Sheet1 工作表标签，弹出如图 5-34 所示快捷菜单，单击"移动或复制"命令，弹出如图 5-35 所示的"移动或复制工作表"对话框，在此对话框中"将选定工作表移至工作薄"选择当前工作簿，"下列选定工作表之前"选择"Sheet2"，并选中"建立副本"复选框（状态为前面选中，表示复制；如果不选中，则为移动）。此时，在工作表中新增加一个工作表 Sheet1（2），表中的内容与 Sheet1 相同。

（2）重命名工作表：右键单击 Sheet1 工作表标签，弹出如图 5-34 所示快捷菜单，单击"重命名"命令，Sheet1 标签成反白显示，输入新的名字"一月业绩"。用同种方法给 Sheet1（2）重

命名为"二月业绩"。也可采用"开始"选项卡→"单元格"组→"格式"→"工作表"→"重
命名"命令，实现工作表重命名。

可以直接双击工作表标签来重命名工作表。

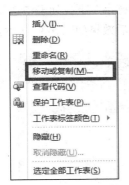

图 5-34　工作表操作快捷菜单　　　　图 5-35　移动或复制工作表对话框

3．工作表的插入、删除及隐藏

（1）单击鼠标右键 Sheet2 工作表标签→"插入"命令（见图 5-34），则在 Sheet2 之前插入一
个新的工作表；也可单击"开始"选项卡→单元格组→"插入"按钮→"插入工作表"。

（2）如果在如图 5-34 所示菜单中单击"删除"命令，则删除此工作表；也可单击"开始"选
项卡→单元格组→"删除"按钮→"删除工作表"。

（3）输入与第一个工作表相同的内容，并重命名为"三月业绩"。

（4）将"三月业绩"设为当前活动工作表（只需选中此工作表中的某一单元格即可），然后
单击"开始"选项卡→单元格组→"格式"按钮→"工作表"→"隐藏"命令，则此工作表被隐
藏；若取消隐藏，则同样路径"取消隐藏"命令。

4．工作表保存

单击"文件"选项卡→"另存为"，在弹出的对话框中选择"我的文档"，在文件名中输入"个
人销售业绩表"，按 Enter 键确认。

5.3.6　实验六

一、实验目的

（1）掌握工作表中数据的排序。

（2）掌握筛选（自动筛选和高级筛选）。

（3）掌握分类汇总、有效性设定。

二、实验任务

（1）打开"个人销售业绩表"中的"一月业绩"工作表，按"总金额"进行"降序"排序。

（2）利用"自动筛选"实现"销售员代码"为"xsy004"的销售情况。

（3）利用"高级筛选"实现"数量>20"或者"机型=笔记本"的销售情况。

（4）按“销售员”对“销售金额”进行分类汇总。

（5）设置“单价”的有效性为大于 5000 并小于 100000。

三、实验步骤

1．排序

（1）打开“一月业绩”工作表，选中“总金额”列中的某一数据单元格，然后单击“数据”选项卡→“排序”按钮。

（2）弹出“排序”对话框，如图 5-36 所示，在“主要关键字”下拉列表中选择“总金额”，右边的单选按钮选择“降序”，然后单击“确定”按钮。排序后效果如图 5-37 所示。

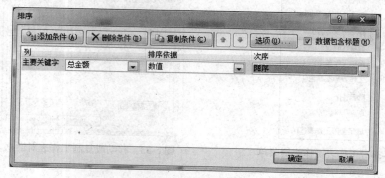

图 5-36 “排序”对话框

	A	B	C	D	E
1	个人销售业绩				
2	销售员代码	机型	单价	数量	总金额
3	xsy004	服务器	￥89,900	24	￥2,157,600
4	xsy009	服务器	￥89,900	9	￥809,100
5	xsy004	PC机	￥6,700	55	￥368,500
6	xsy001	服务器	￥89,900	4	￥359,600
7	xsy001	PC机	￥6,700	35	￥234,500
8	xsy009	PC机	￥6,700	25	￥167,500
9	xsy001	笔记本	￥12,000	6	￥72,000
10	xsy004	笔记本	￥12,000	4	￥48,000
11	xsy009	笔记本	￥12,000	4	￥48,000

一月业绩 / 二月业绩 / 三月业绩

图 5-37 按总金额降序排序后效果

- 若只对某一个字段进行排序，可选中待排序字段列的任意单元格，然后选择“数据”选项卡，单击“排序和筛选”组中的“升序”“降序”按钮，即可实现按该字段内容进行的排序操作。
- 当对多个字段进行复合排序时，必须使用“排序”对话框。

2．自动筛选

（1）选中某一数据单元格，然后单击“数据”选项卡→“筛选”按钮→“文本筛选”（见图 5-38），在每个列标题右边都会出现向下小箭头，进入自动筛选状态，如图 5-39 所示。

（2）单击“销售员代码”列右边的小箭头出现列表，在列表中选择“xsy004”，然后在数据表中会显示满足条件的结果，如图 5-40 所示。如果有多个条件时，可以一步步根据条件进行筛选。

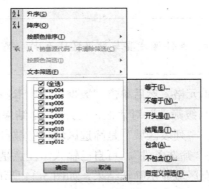

图 5-38　“自动筛选”命令

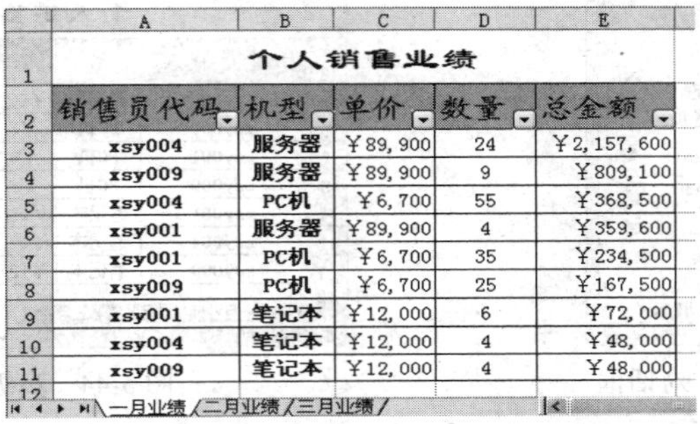

	A	B	C	D	E
1	个人销售业绩				
2	销售员代码	机型	单价	数量	总金额
3	xsy004	服务器	￥89,900	24	￥2,157,600
4	xsy009	服务器	￥89,900	9	￥809,100
5	xsy004	PC机	￥6,700	55	￥368,500
6	xsy001	服务器	￥89,900	4	￥359,600
7	xsy001	PC机	￥6,700	35	￥234,500
8	xsy009	PC机	￥6,700	25	￥167,500
9	xsy001	笔记本	￥12,000	6	￥72,000
10	xsy004	笔记本	￥12,000	4	￥48,000
11	xsy009	笔记本	￥12,000	4	￥48,000

图 5-39　“自动筛选”状态

	A	B	C	D	E
1	个人销售业绩				
2	销售员代码	机型	单价	数量	总金额
3	xsy004	服务器	￥89,900	24	￥2,157,600
5	xsy004	PC机	￥6,700	55	￥368,500
10	xsy004	笔记本	￥12,000	4	￥48,000
12					
13					

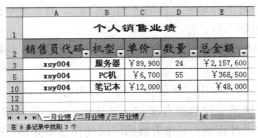

图 5-40　“自动筛选”结果

说明　恢复全部数据显示的方法：单击“开始”选项卡→编辑组→排序和筛选中的清除按钮或者“数据”选项卡→排序和筛选组→筛选清除按钮。

3. 高级筛选

（1）首先在空白单元格设置条件区域，如图 5-41 所示，本例中的条件区域为 H6:I8。

在输入条件时，条件的列名要在一行，其条件要在列名的下方，若条件之间为“或”，则条件不在一行（如图 5-41 所示）；若条件之间为“与”，则条件在同一行（见图 5-42）。

机型	数量
笔记本	
	>20

图 5-41　“高级筛选”条件

（“数量>20”或者“机型=笔记本”）

机型	数量
笔记本	>20

图 5-42　“高级筛选”条件

（“数量>20”并且“机型=笔记本”）

在输入条件时，条件区域要与数据区域至少间隔一行或一列。

（2）单击数据区域的某一单元格，然后单击"数据"选项卡→"排序和筛选"组→"筛选"中的"高级"按钮，会弹出"高级筛选"对话框；"方式"是结果显示的位置，本例中选择第一个"在原有区域显示筛选结果"；"列表区域"是筛选区域，已被自动选择，也可以自己输入，注意是绝对引用；"条件区域"是"筛选条件"，可自己输入（注意是绝对引用）。如图 5-43 所示，然后单击"确定"按钮。在原有区域显示筛选结果，如图 5-44 所示。

图 5-43 "高级筛选"对话框

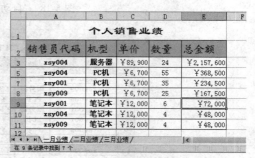

图 5-44 高级筛选结果

- 如果对单元格或区域不确定时，可单击参数框右侧"折叠对话框"按钮，以暂时折叠起对话框，显露出工作表，用户可选择单元格区域（如 H6 至 I8 的 6 个单元格），最后单击折叠后的输入框右侧按钮，恢复参数输入对话框。

- 恢复全部数据显示的方法：单击"数据"选项卡→"筛选"按钮。

4. 分类汇总

（1）对分类字段进行排序：单击"销售员代码"列中的某个数据，如 A4，然后单击工具栏上的"升序排序"按钮，使该字段数据有序。这是分类汇总的第一步，也是必须步骤。

（2）分类汇总：单击"一月业绩"工作表数据区域的任意单元格，单击"数据"选项卡→"分级显示"组→"分类汇总"按钮，打开"分类汇总"对话框，如图 5-45 所示。

在"分类汇总"对话框中的"分类字段"列表框中选择"销售员代码"，在"汇总方式"列表框中选择"求和"，在"选定汇总项"列表框中选择"总金额"，在底部的复选框中选中"替换当前分类汇总"和"汇总结果显示在数据下方"。单击"确定"按钮，结果如图 5-46 所示。

图 5-45 "分类汇总"对话框

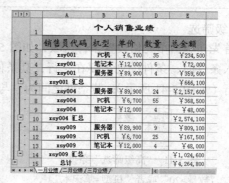

图 5-46 "分类汇总"结果

从图 5-46 所示中可以看到，每个销售员的销售业绩以及当月总销售额被汇总出来显示在该数据的下方，若想看得更清晰，可以使用工作表左侧的按钮，左上角有"1""2""3"的数字钮：单击"1"按钮，则隐藏全部的细节，只显示总计的情况，如图 5-47 所示；单击数字钮"2"，则显示分类汇总的数据而隐藏起其他细节，如图 5-48 所示；显然单击数字钮"3"，则将数据可以全部显示。

图 5-47　只显示总计结果

图 5-48　显示分类汇总的数据

 　　　　在同样的工作表中，按另一字段作分类汇总时，要撤销原有的分类汇总。具体操作单击"数据"选项卡→"分类汇总"按钮，在"分类汇总"对话框中，单击"全部删除"按钮，数据表即恢复原状。

5. 数据有效性

（1）选择单价的数据区域 C3:C11，然后单击"数据"选项卡→"数据工具"组中的"数据有效性"，弹出"数据有效性"对话框，如图 5-49 所示。

图 5-49　"数据有效性"对话框

（2）选择"设置"选项卡，设置有效性条件，在"允许"列表中选择"整数"，"数据"列表中选择"介于"，"最小值"编辑框中输入 5000，"最大值"编辑框中输入 100000，然后单击"确定"按钮。则当单价列中输入不满足条件的数据时，会显示出错信息。

（3）在"输入信息"选项卡中可以设置选定单元格时显示的信息；"出错警告"选项卡可以设置输入无效数据后显示的信息。

5.3.7　实验七

一、实验目的

（1）掌握图表的创建方法。

（2）掌握图表中各对象的编辑方法。

（3）掌握图表的格式化设置。

二、实验任务

工作表所需数据如图 5-50 所示。

商场电器年销售量对比				
	第一季度	第二季度	第三季度	第四季度
电视机	125	185	180	210
电冰箱	160	190	268	200
洗衣机	200	186	190	180
空调	190	185	360	340

图 5-50 商场电器年销售量对比表

（1）制作图表，实现销售量对比分析。其中图表类型为"带数据标记的折线图"；x 轴为"季度"，y 轴为"销售量"，折线代表"电器名"；图表标题为"商场电器年销售量对比"，"图例"位于图表下方。

（2）图表格式化，图表区设置填充效果为"花束"，边框为"红色"，字体为"红色、10 号、楷体"；绘图区设置背景色为"黄色"。

三、实验步骤

1. 制作图表

（1）将鼠标单击在数据表区域内，系统将默认该数据表为产生图表的数据源。

（2）单击"插入"选项卡→"图表"组，工具栏如图 5-51 所示。

（3）可直接单击工具栏中按钮，或者单击右下角按钮，进入"插入图表"对话框，如图 5-52 所示。

（4）在左侧选项卡中选择"折线图"，在右边"子图表类型"选择"带数据标记的折线图"，单击"确定"按钮，系统自动插入图表如图 5-53 所示。

图 5-51 图表工具栏

图 5-52 "插入图表"对话框

（5）单击插入的图表区域，菜单栏出现"图表工具"栏，选择"布局"选项卡，单击"图表标题"→"图标上方"，输入标题"商场电器年销售量对比"；单击"坐标轴标题"→"主要横坐标轴标题"→"坐标轴下方标题"，输入"季度"；单击"坐标轴标题"→"主要横坐标轴标题"→"竖排标题"，输入"销售量"；单击"图例"→"在底部显示图例"，如图 5-54 所示。

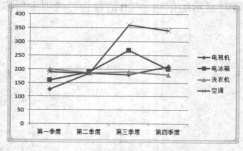

图 5-53 带数据标记的折线图

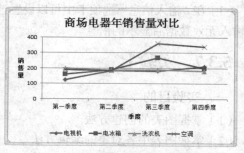

图 5-54 设置标题、图例后的图表

2．图表格式化

（1）双击图表中的空白区域或在图表区域单击右键后选择"设置图表区域格式"命令，出现的对话框中单击"填充"→"图片或纹理填充"→"纹理"，选择名为"花束"的图片；单击"边框颜色"→"实线"→"颜色"，选择"红色"，单击"关闭"按钮，效果如图 5-55 所示。

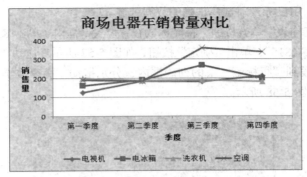

图 5-55　设置纹理、边框后的图表

（2）在图表区域单击鼠标右键，选择"字体"，中文字体选择"楷体"，字体样式选择"常规"，大小选择"10"，字体颜色选择"红色"；在绘图区单击右键，选择"设置绘图区格式"，单击"填充"→"纯色填充"→"黄色"，单击"关闭"按钮，效果如图 5-56 所示。

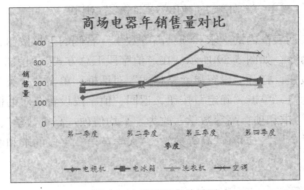

图 5-56　最后图表效果图

5.3.8　实验八

一、实验目的

（1）掌握数据透视表的创建方法。

（2）掌握数据透视表的选项设置。

二、实验任务

以如图 5-26 中 A3:H11 单元格区域为例，建立数据透视表。

（1）行标签为"姓名"，数值项为"高等数学""大学英语"平均分。

（2）将结果放在当前工作表 K15 开始的单元格处。

（3）将汇总结果设置为 1 位小数。

（4）最后保存"电商班成绩表.xlsx"文件。

三、实验步骤

（1）拖动鼠标选中"电商班成绩表"工作表中的数据区域 A3:H11，选择"插入"选项卡，单击"表格"组的"数据透视表"按钮，打开"创建数据透视表"对话框。由于已选择了数据区域，所以数据源区域默认为 A3:H11。若系统默认选中的数据区域不正确，可将光标置于"表/区域"框中，单击 ████ 按钮，用鼠标重新选择正确的数据区域。

（2）单击"现有工作表"单选按钮，将光标放在"位置"框内，单击 K15 单元格，则"位置"框中自动填充"Sheet!\$K\$15"，单击"确定"按钮，如图 5-57 所示。拖动"数据透视表字段列表"窗格中的"姓名"字段到"行标签"下的列表框内，分别拖动"高等数学""大学英语"字段到"数值"列表框内，如图 5-58 所示。

图 5-57 "创建数据透视表"对话框

（3）单击"数值"列表框内的"求和项：高等数学"右侧的下拉按钮，在打开的下拉列表中选择"值字段设置"命令，如图 5-59 所示。在"值字段汇总方式"列表框中选择"平均值"。然后单击"数字格式"按钮，打开"设置单元格格式"对话框。单击"分类"列表框中的"数值"，将"小数位数"设置为 1，单击"确定"按钮，返回"值字段设置"对话框，再次单击"确定"按钮完成设置。此时，"求和项：高等数学"改为"平均值项：高等数学"，"求和项：大学英语"改为"平均值项：大学英语"，即将"高等数学""大学英语"字段的求和汇总方式改为求平均值方式。

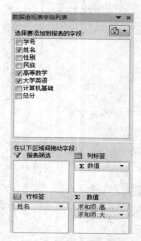

图 5-58 "数据透视表字段列表"窗格

图 5-59 "值字段设置"对话框

（4）保存"电商班成绩表.xlsx"文件。最终效果图如图 5-60 所示。

行标签	平均值项:高等数学	平均值项:大学英语
毕晓君	96.0	95.0
李德华	78.0	80.0
李志	89.0	86.0
林建君	72.0	79.0
林鹏	90.0	92.0
王晓迪	79.0	75.0
熊伟达	69.0	74.0
张晨晨	54.0	66.0
总计	78.4	80.9

图 5-60　最终效果图

5.3.9　综合实验

综合实验一

以素材 Xsjdl.xlsx 为例。

一、实验任务

（1）编辑 Sheet1 工作表，合并后分别居中 A1:F1 单元格区域、I1:O1 单元格区域，而后均设置为宋体、25 磅、加粗，填充黄色（标准色）底纹。

（2）将 J3:O35 单元格区域的对齐方式设置为水平居中。

（3）根据"成绩单"（A:F 列）中的各科成绩，公式填充"绩点表"中各科的绩点（即 J3:N35 单元格区域）：90～100 分=4.0，85～89 分=3.6，80～84 分=3.0，70～79 分=2.0，60～69 分=1.0，60 分以下=0。

（4）公式计算"总绩点"列（O 列），总绩点为各科绩点之和。

（5）根据"成绩单"（A:F 列）中的各科成绩，分别统计出各科各分数段的人数，结果放在 B41:F45 单元格区域。分数段的分割：60 分以下、60～69 分、70～79 分、80～89 分、90 分及以上。

（6）插入两个新工作表，分别重命名为"排序""筛选"，并复制 Sheet1 工作表中 A2:F35 单元格区域到新工作表的 A1 单元格开始处。

（7）对"排序"工作表中的数据按"高数"降序、"英语"升序、"计算机"降序排序。

（8）对"筛选"工作表中的数据进行自动筛选，筛选出"高数""英语""计算机"均大于等于 80 的记录。

（9）根据"排序"工作表中的数据建立工作表。

A．用分离型三维饼图显示："李婷婷"同学各项成绩（即高数、计算机、思想品德、体育、英语 5 门课的成绩）占总成绩的百分比。

B．图表标题："李婷婷成绩分析图"，设置字体宋体、20 磅、加粗、标准色中的红色。

C．图例：靠左。图例字体隶书、12 磅、颜色绿色。

D．图表位置：作为其中的对象插入，调整图表位置大小到 H8:L21 单元格区域。

（10）将该文件以"学生姓名.xlsx"为文件名另存到 D 盘中。

二、实验步骤

（1）单击鼠标拖动选中 A1:F1 单元格区域，单击"开始"选项卡→"对齐方式"组→"合并后居中"按钮。如上方法，合并 I1:O1 单元格区域。单击合并后的 A1 单元格，按住 Ctrl 键单击 I1 单元格，选中后在"开始"选项卡的"字体"组中设置为宋体、25 磅、加粗，填充底纹 标准色黄色，单击"确定"按钮。

（2）单击 J3 单元格，拖动鼠标至 O35 单元格，选中 J3:O35 单元格区域，单击"开始"选项卡的"对齐方式"组右下角按钮▣，在弹出的"设置单元格格式"对话框中，选择"对齐"选项卡，水平对齐方式选择居中，单击"确定"按钮。

（3）单击 J3 单元格，输入如下公式：f_x =IF(B3>=90,4,IF(B3>=85,3.6,IF(B3>=80,3,IF(B3>=70,2,IF(B3>=60,1,0)))))

按 Enter 键确认。然后将鼠标放在 J3 单元格右下角向下拖动填充柄至 J35 单元格，依次拖动填充柄 K3:K35，L3:L35，M3:M35，N3:N35。

（4）单击 O3 的单元格，在"开始"选项卡的"编辑"组中单击 Σ 自动求和 按钮，按 Enter 键确认，然后将鼠标放在 O3 单元格右下角向下拖动填充柄至 O35 单元格。

（5）单击 B41 单元格，输入公式 f_x =COUNTIF(B3:B35,"<60")，按 Enter 键确认，拖动填充柄至 F41；单击 B42 单元格，输入公式 f_x =COUNTIF(B3:B35,">=60")-COUNTIF(B3:B35,">69")，按 Enter 键确认，拖动填充柄至 F42；单击 B43 单元格，输入公式 f_x =COUNTIF(B3:B35,">=70")-COUNTIF(B3:B35,">79")，按 Enter 键确认，拖动填充柄至 F43；单击 B44 单元格，输入公式 f_x =COUNTIF(B3:B35,">=80")-COUNTIF(B3:B35,">89")，按 Enter 键确认，拖动填充柄至 F44；单击 B45 单元格，输入公式 f_x =COUNTIF(B3:B35,">=90")，按 Enter 键确认，拖动填充柄至 F45。效果如图 5-61 所示。

	A	B	C	D	E	F
37						
38			各分数段人数统计表			
39						
40	分数段	高数	计算机	思想品德	体育	英语
41	60以下	9	1	0	5	0
42	60~69	5	8	0	5	2
43	70~79	5	14	7	13	22
44	80~89	8	10	18	10	6
45	90~100	6	0	8	0	3

图 5-61　各分数段人数统计表

（6）插入两个新工作表，双击成黑白显示时分别重命名为"排序""筛选"。并拖动鼠标选中 Sheet1 工作表中 A2:F35 单元格区域分别复制到两个新工作表的 A1 单元格开始处。

（7）单击"排序"工作表中的任意一个单元格，单击"开始"选项卡→"编辑"组→"排序与筛选"按钮→"自定义排序"，在弹出的对话框如图 5-62 所示，选择按"高数"降序、"英语"升序、"计算机"降序排序，单击"确定"按钮。

图 5-62　"排序"对话框

（8）单击"筛选"工作表中的任意一个单元格，单击"开始"选项卡→"编辑"组→"排序与筛选"下拉列表中的"筛选"，分别将"高数""英语""计算机"在弹出的对话框中的"数据筛选"选择大于或等于 80 的记录。单击"确定"按钮，筛选后显示效果如图 5-63 所示。

	A	B	C	D	E	F
1	姓名 ▾	高数 ▾	计算机 ▾	思想品 ▾	体育 ▾	英语 ▾
3	陈强	92	82	85	81	86
10	刘艾嘉	82	82	90	80	90
32	潘纯	83	80	93	75	84

图 5-63　筛选效果图

（9）在"排序"工作表中先选中 A1:F1 单元格区域，然后按住 Ctrl 键再选中 A5:F5 单元格区域。选择"插入"选项卡，单击"图表"族中的"饼图"下拉按钮，在打开的下拉列表中选择"分离型三维饼图"选项，此时在"排序"工作表中添加了一个嵌入式的三维饼图，如图 5-64 所示。

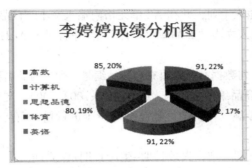

图 5-64　成绩分析图

选择"图表工具"的"布局"选项卡，单击"标签"组→"数据标签"按钮→"数字标签外"→"设置数据标签格式"命令。用鼠标右键单击图表中的数据标签，在弹出的快捷菜单中选择"设置数据标签格式"命令，打开"设置数据标签格式"对话框，取消"值"复选框的选定，选中"百分比"复选框，如图 5-65 所示，单击"关闭"按钮。

图 5-65　"设置数据标签格式"对话框

选中图表标题，修改为"李婷婷成绩分析图"，单击"开始"选项卡，在"字体"组中设置字体为"宋体"、20 磅、字体颜色为"标准色"中的"红色"，加粗。

选择"图表工具"的"布局"选项卡，单击"标签"组→"图例"按钮→"在左侧显示图例"选项。单击"字体"组，设置图例字体为"隶书"、12 磅、颜色为"绿色"。选中图表，拖动其至

H8 单元格，调整其大小，置于 H8:L21 单元格区域。

（10）打开"文件"选项卡中的"另存为"，将该文件以"学生姓名.xlsx"为文件名另存到 D 盘中。

综合实验二

以素材 Excell4E.xlsx 为例。

一、实验任务

（1）在工作表最左端插入 1 列，并在 A2 单元格内输入文本"商品编号"。

（2）在 A1 单元格内输入文本"商品库存统计"，合并后居中 Al:J1 单元格，幼圆、23 磅、填充 12.5%灰色图案样式。

（3）根据"商品名称"列数据，公式填充"商品编号"列。商品名称有"金麦圈""酸奶""波力卷""成长牛奶" 4 种，商品编号依次为：001、002、003、004，文本型。

（4）公式填充"销售金额"列，销售金额=单价×（进货量-库存量），"货币"型、无小数、货币符号"￥"。

（5）公式填充"失效日期"列，失效日期=生产日期+保质期。

（6）公式填充"是否过期"列，若给定日期（N5 单元格）超过失效日期，则填充"过期"，否则为空白。

（7）在 Sheet2 工作表中建立 Sheet1 工作表的副本，并将 Sheet1 重命名为"统计表"，将 Sheet2 工作表重命名为"筛选"。

（8）利用"筛选"工作表中的数据，进行以下高级筛选。

A. 筛选条件："失效日期"介于 2014/1/1 和 2014/12/31 之间（包括边界日期）或销售金额大于 1000 的记录。

B. 条件区域：起始单元格定位在 A25。

C. 复制到：起始单元格定位在 A30。

二、实验步骤

（1）选中 A 列单击鼠标右键，选择"插入"，然后 A2 单元格内输入文本"商品编号"。

（2）在 A1 单元格内输入文本"商品库存统计"，鼠标拖动选中 A1:J1 单元格，单击"对齐方式"组中的合并后居中按钮，设置字体幼圆、23 磅、单击"对齐方式"组右下方按钮，单击"单元格"组，打开设置单元格格式对话框，选择填充→图案样式→12.5%灰色（第一行第五个）。

（3）公式填充"商品编号"列。在 A3 单元格里输入"=IF（B3="金麦圈"，"001"，IF（B3="酸奶"，"002"，IF（B3="波力卷"，"003"，IF（B3="成长牛奶"，"004"，""））））"，按 Enter 键确定，拖动填充柄至 A22 单元格。

（4）选中 F3:F22 单元格区域，单击右键设置单元格格式→数字→货币、无小数、货币符号"￥"。然后选中 F3 单元格，输入"=C3*（D3-E3）"，按 Enter 键确定，拖动填充柄至 F22 单元格。

（5）公式填充"失效日期"列，选中 I3 单元格，输入"=G3+DATE（0，H3，0）"，按 Enter 键确定，拖动填充柄至 I22 单元格。

（6）公式填充"是否过期"列，选中 J3 单元格，输入"=IF（$O$5>I3，"过期"，""）"，按 Enter 确定，拖动填充柄至 J22 单元格。此时效果如图 6-66 所示。

（7）选中 Sheet1 整张工作表复制到 Sheet2 中，双击 Sheet1 工作表重命名为"统计表"，双击

Sheet2 工作表重命名为"筛选"。

（8）利用"筛选"工作表中的数据，进行高级筛选。单击"筛选"工作表，在条件区域 A25:C27 中输入，如图 5-67 所示。

商品库存统计

商品编号	商品名称	单价	进货量	库存量	销售金额	生产日期	保质期(月)	失效日期	是否过期
001	金麦圈	¥5.5	125	45	¥440	2014/2/1	12	2015/1/2	过期
002	酸奶	¥3.2	232	115	¥374	2015/2/1	1	2015/2/1	
003	波力卷	¥3.8	221	20	¥764	2013/3/1	18	2014/7/31	过期
004	成长牛奶	¥4.0	132	103	¥116	2015/1/1	6	2015/6/2	
002	酸奶	¥3.2	154	103	¥163	2015/1/12	1	2015/1/12	过期
004	成长牛奶	¥4.0	224	18	¥824	2014/3/6	6	2014/8/5	过期
001	金麦圈	¥5.5	120	39	¥446	2013/3/8	12	2014/2/6	过期
003	波力卷	¥3.8	145	64	¥308	2014/3/5	18	2015/8/4	
002	酸奶	¥3.2	261	139	¥390	2015/2/5	1	2015/2/5	
003	波力卷	¥3.8	230	73	¥597	2014/8/6	18	2016/1/5	
004	成长牛奶	¥4.0	119	58	¥244	2014/8/6	6	2015/1/5	过期
001	金麦圈	¥5.5	328	137	¥1,051	2014/8/8	12	2015/7/9	
002	酸奶	¥3.2	125	78	¥150	2014/8/8	1	2014/8/8	过期
003	波力卷	¥3.8	343	39	¥1,155	2013/12/8	18	2015/5/9	
002	酸奶	¥3.2	241	93	¥474	2014/12/20	2	2015/1/20	过期
004	成长牛奶	¥4.0	236	97	¥556	2014/11/1	6	2015/4/2	
001	金麦圈	¥5.5	145	85	¥330	2014/11/10	12	2015/10/11	
001	金麦圈	¥5.5	115	87	¥154	2015/1/17	2	2015/1/17	
004	成长牛奶	¥4.0	322	192	¥520	2014/11/10	2	2014/12/11	过期
003	波力卷	¥3.8	226	38	¥714	2014/12/1	2	2015/1/1	过期

图 5-66　失效日期及过期商品显示图

然后单击"数据"选项卡→"排序和筛选"组→"高级"按钮，如图 5-68 所示。

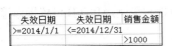

失效日期	失效日期	销售金额
>=2014/1/1	<=2014/12/31	
		>1000

图 5-67　条件区域

图 5-68　"高级筛选"对话框

在"高级筛选"对话框中"方式"里选择"将筛选结果复制到其他位置"，列标区域选择 "$A$2:$J$22"，条件区域选择"$A$25:$C$27"，复制到"筛选!$A$30"，单击"确定"按钮，筛 选结果如图 5-69 所示。

30	商品编号	商品名称	单价	进货量	库存量	销售金额	生产日期	保质期(月)	失效日期	是否过期
31	003	波力卷	¥3.8	221	20	¥764	2013/3/1	18	2014/7/31	过期
32	004	成长牛奶	¥4.0	224	18	¥824	2014/3/6	6	2014/8/5	过期
33	001	金麦圈	¥5.5	120	39	¥446	2013/3/8	12	2014/2/6	过期
34	001	金麦圈	¥5.5	328	137	¥1,051	2014/8/8	12	2015/7/9	
35	002	酸奶	¥3.2	125	78	¥150	2014/8/8	1	2014/8/8	过期
36	003	波力卷	¥3.8	343	39	¥1,155	2013/12/8	18	2015/5/9	
37	004	成长牛奶	¥4.0	322	192	¥520	2014/11/10	2	2014/12/11	过期

图 5-69　筛选结果图

第6章

演示文稿软件 PowerPoint 2010

6.1 教学要求及大纲

本章主要包括演示文稿制作软件 PowerPoint 2010 的基础操作、幻灯片页面内容的编辑、幻灯片页面外观的修饰、演示文稿的动画效果和动作设置、演示文稿的切换效果及放映设置等操作。

通过本章实验练习，要求读者掌握 PowerPoint 2010 的启动和退出，创建新演示文稿的方法；熟练掌握 PowerPoint 2010 的编辑方法，学会在演示文稿中插入各种对象，熟练掌握在演示文稿中添加、删除、复制、移动幻灯片的操作方法；理解幻灯片版式的概念，熟练掌幻灯片版式、幻灯片背景的设定方法；了解 PowerPoint 2010 提供的应用主题效果并学会指定主题文件为演示文稿应用主题效果；重点掌握幻灯片动画效果、幻灯片切换效果设置操作，掌握超级链接和动作设置操作等。

参考学时：实验 2 学时。

6.2 习 题

一、单项选择题

1. PowerPoint 2010 中幻灯片文档有不同的演示文稿视图，其中默认演示文稿视图为（ ）。
 A. 幻灯片浏览视图 B. 普通视图　　　　 C. 阅读视图　　　　 D. 备注页视图
2. 在 PowerPoint 2010 中，从当前幻灯片开始放映的快捷键是（ ）。
 A. Ctrl+S　　　　 B. F5　　　　　　　 C. Shift+F5　　　　 D. F6
3. 在 PowerPoint 中，演示文稿与幻灯片的关系是（ ）。
 A. 演示文稿即是幻灯片　　　　　　　 B. 演示文稿中包含多张幻灯片
 C. 幻灯片中包含多个演示文稿　　　　 D. 两者无关
4. 在 PowerPoint 中，可以创建某些（ ），在幻灯片放映时单击它们就可以跳转到特定的幻灯片或运行一个嵌入的演示文稿。
 A. 按钮　　　　　 B. 过程　　　　　　 C. 替换　　　　　　 D. 粘贴
5. 在 PowerPoint 2010 中，如果要使多个图形对象的中心点对齐，应该在"开始"选项卡下，单击"绘图"组中的"排列"下拉按钮，可选择（ ）。

A. 左右居中　　　　　　　　　　　B. 上下居中

C. 把它们拖在一块　　　　　　　　D. 左右居中、上下居中两者皆选

6. 在 PowerPoint 2010 中，使对象绕某点转动的效果是在"动画"选项卡下，单击"动画"组中"其他"下拉按钮，选择（　　　　）。

A. 进入/轮子　　　　　　　　　　B. 强调/陀螺旋

C. 动作路径/圆形扩展　　　　　　D. 不能完成该效果

7. 在 PowerPoint 2010 中，如何删除超链接（　　　　）。

A. 把超链接改成空

B. 右键单击用作超链接的对象，在弹出的快捷菜单中选"取消超链接"命令

C. 一旦建立不能删除

D. 删除用作超链接的对象

8. 在幻灯片中添加动作按钮，是为了（　　　　）。

A. 演示文稿内幻灯片的跳转功能　　B. 出现动画效果

C. 用动作按钮控制幻灯片的制作　　D. 用动作按钮控制幻灯片统一的外观

9. 在 PowerPoint 中，若要隐藏当前选定的幻灯片，应（　　　　）。

A. "视图"选项卡→"设置"组→"隐藏幻灯片"菜单命令

B. "工具"选项卡→"设置"组→"隐藏幻灯片"菜单命令

C. 右键单击该幻灯片，选择"隐藏幻灯片"命令

D. "幻灯片放映"选项卡→"设置"组→"隐藏幻灯片"按钮

10. 在 PowerPoint 2010 中，关于自定义动画的说法中错误的是（　　　　）。

A. 可以带声音　　　　　　　　　　B. 可以设置动画效果

C. 可以调整顺序　　　　　　　　　D. 不可以调整顺序

11. 要切换到幻灯片的黑白视图可选择"视图"选项卡中的（　　　　）组。

A. 母板视图　　B. 演示文稿视图　　C. 颜色/灰度　　D. 显示

12. PowerPoint 主题文件以（　　　　）扩展名进行保存。

A. .pptx　　　　B. .potx　　　　　C. .dot　　　　　D. .xlt

13. 在 PowerPoint 2010 中，关于模板和主题的说法中正确的是（　　　　）。

A. 用户自己的文稿不能保存为模板和主题

B. 只有新建文稿时才能使用模板和主题

C. 用户只能使用模板和主题不能对其进行修改

D. 用户可以将其应用到任意的演示文稿中也可以任意修改模板和主题

14. 要对 PowerPoint 2010 演示文稿中某张幻灯片内容进行详细编辑，可用（　　　　）。

A. 普通视图　　B. 阅读视图　　　C. 幻灯片浏览视图　　D. 备注页视图

15. 演示文稿文件中的每一张演示单页称为（　　　　）。

A. 旁白　　　　B. 讲义　　　　　C. 幻灯片　　　　D. 备注

16. 在 PowerPoint 2010 中，有关设置换片方式的错误的说法是（　　　　）。

A. 按照设置好的排练时间换页

B. 可以设置为每隔一段时间自动换页

C. 只能是单击鼠标时换页

D. 可以设置为单击鼠标换页

17. 在 PowerPoint 2010 中，对于已创建的多媒体演示文档可以用（   ）命令转移到其他未安装 PowerPoint 2010 的机器上放映。

    A. 人无法放映　　　　　　　　　　　　B. 幻灯片放映→设置幻灯片放映

    C. 文件→发送　　　　　　　　　　　　D. 文件→打包

18. 关于 PowerPoint 2010 幻灯片母版的使用，不正确的是（   ）。

    A. 通过对母版的设置可以控制幻灯片中不同部分的表现形式

    B. 通过对母版的设置可以预定义幻灯片的前景颜色、背景颜色和字体大小

    C. 修改母版不会对演示文稿中任何一张幻灯片带来影响

    D. 标题母版为使用标题版式的幻灯片设置了默认格式

19. 在 PowerPoint 2010 中，移动页眉和页脚的位置需要利用（   ）。

    A. 幻灯片的母版　　B. 幻灯片放映视图　　C. 普通视图　　　　D. 幻灯片浏览视图

20. 在 PowerPoint 2010 中，使用"组织结构图"的正确操作是（   ）。

    A. "开始"选项卡→"插图"组→SmartART 按钮→选择层次结构→组织结构图

    B. "设计"选项卡→"插图"组→SmartART 按钮→选择层次结构→组织结构图

    C. "插入"选项卡→"插图"组→SmartART 按钮→选择层次结构→组织结构图

    D. "插入"选项卡→"图片"组→组织结构图

21. 在 PowerPoint 2010 中，设置了超链接的文字颜色会发生变化，要想令其单击前后颜色一致，可以使用（   ）。

    A. "设计"选项卡→"主题"组中的"颜色"按钮

    B. "设计"选项卡→"主题"组中的"字体"按钮

    C. "设计"选项卡→"主题"组中的"效果"按钮

    D. "设计"选项卡→"主题"组中的"设计"按钮

22. 在 PowerPoint 2010 中，默认情况下，放映全部幻灯片的快捷操作是按（   ）。

    A. Ctrl+U 组合键　　B. Ctrl+M 组合键　　C. F5 键　　　　　　D. Shift+F5 组合键

23. PowerPoint 在幻灯片中建立超链接有两种方式：通过把某对象作为"超链点"和（   ）。

    A. 文本框　　　　　　B. 文本　　　　　　C. 图片　　　　　　D. 动作按钮

24. 在 PowerPoint 2010 中，下列不可以添加动画效果的元素是（   ）。

    A. 直线　　　　　　　B. 背景　　　　　　C. 图片　　　　　　D. 文字

25. 设置好的切换效果，可以应用于（   ）。

    A. 所有幻灯片　　　　B. 一张幻灯片　　　C. A 和 B 都对　　　D. A 和 B 都不对

26. 在 PowerPoint 中，（   ）以最小化的形式显示演示文稿中的所有幻灯片，用于组织和调整幻灯片的顺序。

    A. 备注页视图　　　　B. 幻灯片浏览视图　　C. 普通视图　　　　D. 幻灯片放映视图

27. 在 PowerPoint 2010 中，关于建立超级链接，下列说法中错误的是（   ）。

    A. 图形对象可以建立超级链接　　　　　B. 背景图案可以建立超级链接

    C. 文字对象可以建立超级链接　　　　　D. 图片对象可以建立超级链接

28. 在 PowerPoint 2010 中，画一正方形的操作与在 Word 中一样，要按住（   ）键画。

    A. Tab　　　　　　　B. Shift　　　　　　C. Alt　　　　　　　D. Ctrl

29. 在 Powerpoint 2010 中，在进行自定义动画时，错误的是（   ）。

    A. 不能删除已设置好的动画　　　　　　B. 可以删除原有的动画设置

C. 可以更换原有的声音　　　　　　　D. 可以更改动画的延时

30. 关于 Powerpoint 2010 幻灯片母版的使用，不正确的是（　　　）。
    A. 可以设置母版中的对象的动画效果　　B. 可以删除母版中的对象
    C. 可以修改母版的背景　　　　　　　　D. 只能使用一个幻灯片母版

31. 在 Powerpoint 2010 中，下列（　　　）不是控制幻灯片外观的方法。
    A. 使用对象　　　B. 设计/主题命令　　C. 设计→背景样式　　D. 母版

32. 在 Powerpoint 2010 中，"自动更正"功能是在下列（　　　）选项卡中。
    A. 设计　　　　　B. 开始　　　　　　C. 文件　　　　　　D. 审阅

33. 在幻灯片播放时，要使下一张幻灯片出现与前一张不同的切换方式，应（　　　）。
    A. 选择该幻灯片，单击"切换"选项卡，在"切换至此幻灯片"组进行设置
    B. 选择该幻灯片，单机"幻灯片放映"选项卡，选"设置"组"设置幻灯片放映"按钮
    C. 选择该幻灯片，单击"幻灯片放映"选项卡，选择"自定义幻灯片放映"按钮
    D. 选择该幻灯片，单机"动画"选项卡，在"高级动画"组进行设置

34. 在 Powerpoint 2010 中，下列说法中不正确的是（　　　）。
    A. 能将 Excel 表格复制到幻灯片中　　　B. 不能将 Word 中的表格复制到幻灯片中
    C. 能将 Word 中的图片复制到幻灯片中　　D. 能将 Excel 中的图片复制到幻灯片中

35. 对于 Powerpoint 2010 来说，以下说法中正确的是（　　　）。
    A. 运行 Powerpoint 2010 后，不能编辑多个演示文稿文件
    B. 启动 Powerpoint 2010 后，可以建立或编辑多个演示文稿文件
    C. 启动 Powerpoint 2010 后，只能建立或编辑一个演示文稿文件
    D. 在新建一个演示文稿之前，必须先关闭当前正在编辑的演示文稿文件

36. 为了精确控制幻灯片的放映时间，一般使用（　　　）操作。
    A. 这置换页方式　　　　　　　　　　　B. 设置动画效果
    C. 排练计时　　　　　　　　　　　　　D. 设置切换效果

37. 在 Powerpoint 2010 中，下列关于设计模板描述错误的是（　　　）。
    A. 模板应用十分灵活，可以在演示文稿设计的整个过程中应用
    B. 模板是控制文稿统一外观的最有力、最快捷的一种手段
    C. 用户也可以把自己的文稿存成模板
    D. 模板应用必须谨慎，因为模板一旦应用，就无法更改

38. 在 PowerPoint 2010 中，在"设置放映方式"对话框中不可设置的放映类型是（　　　）。
    A. 自动连续放映　　B. 观众自行浏览　　C. 演讲者放映　　　D. 在展台浏览

39. 在 PowerPoint 2010 中，在幻灯片的放映过程中要中断放映，可以直接按（　　　）键。
    A. Shift　　　　　B. Alt　　　　　　C. Esc　　　　　　D. Ctrl

40. 下列各项可以作为幻灯片背景的是（　　　）。
    A. 图案　　　　　B. 图片　　　　　　C. 纹理　　　　　　D. 以上都可以

41. PowerPoint 2010 中，在"幻灯片浏览视图"下，按住 Ctrl 并拖动某幻灯片，可以完成（　　　）操作。
    A. 复制幻灯片　　B. 删除幻灯片　　　C. 打开幻灯片　　　D. 移动幻灯片

42. 在 PowerPoint 2010 中，单击常用工具栏上的"打印"按钮时默认情况下打印（　　　）。
    A. 幻灯片　　　　B. 大纲　　　　　　C. 讲义　　　　　　D. 备注

43. 下列有关幻灯片和演示文稿的说法中不正确的是（　　　）。

    A. 一个演示文稿文件可以不包含任何幻灯片

    B. 一个演示文稿文件可以包含一张或多张幻灯片

    C. 幻灯片可以单独以文件的形式存盘

    D. 幻灯片是 PowerPoint 中包含文字、图形、图表、声音等多媒体信息的图片

44. 新建一个演示文稿时，第一张幻灯片的默认版式是（　　　）。

    A. 节标题   B. 两栏文本   C. 标题和内容幻灯片 D. 标题幻灯片

45. 在空白幻灯片中，"插入"选项卡中没有的按钮是（　　　）。

    A. 艺术字   B. 公式   C. 文字   D. 相册

46. 普通视图中，显示幻灯片具体内容的窗格是（　　　）。

    A. 大纲选项卡   B. 备注窗格   C. 幻灯片选项卡   D. "视图工具栏"

47. 要打印一张幻灯片，可以选择"文件"选项卡中的（　　　）命令。

    A. 保存   B. 打印   C. 打印预览   D. 打开

48. 在演示文稿中设置"超级链接"不能链接的目标是（　　　）。

    A. 另一个演示文稿   B. 同一演示文稿的幻灯片

    C. 其他应用程序的文档   D. 幻灯片中的某个对象

49. 在 PowerPoint 2010 中，下列说法中正确的是（　　　）。

    A. 在 PowerPoint 2010 中播放的影片文件，只能在播放完毕后才能停止

    B. 插入的视频文件在 PowerPoint 2010 幻灯片视图中会显示图像

    C. 只能在播放幻灯片时，才能看到影片效果

    D. 在设置影片为"单击播放影片"属性后，放映时用鼠标单击会播放影片，再次单击则停止影片播放

50. 如果要在幻灯片放映过程中结束放映，以下操作中不能采取的选择是（　　　）。

    A. 按 Alt+F4 组合键

    B. 按 Pause 键

    C. 按 Esc 键

    D. 在幻灯片放映视图中单击鼠标右键，然后在快捷菜单中选择"结束放映"命令

51. 在下列（　　　）选项卡中可以找到"母版"命令。

    A. 文件   B. 编辑   C. 视图   D. 插入

52. 常规保存演示文稿文档的方法有（　　　）。

    A. 选择"文件/保存"命令   B. 单击工具栏上的"保存"按钮

    C. 按快捷键 Ctrl+S   D. 以上均是

53. PowerPoint 中，如果要设置文本链接，可以选择（　　　）选项卡中的"超链接"。

    A. 编辑   B. 格式   C. 工具   D. 插入

54. 以下关于配色方案的说法中正确的是（　　　）。

    A. 使用幻灯片设计/主题/颜色命令可以对幻灯片的各个部分重新配色

    B. 一组幻灯片只能采用一种配色方案

    C. 所有配色方案均是系统自带，用户不能自行更改或添加

    D. 上述 3 种说法全部正确

55. 在以下几种 PowerPoint 2010 视图中，能够添加并显示备注文字的视图是（　　　）。

    A. 幻灯片浏览视图   B. 普通视图   C. 阅读视图   D. 备注页视图

56. 要真正更改幻灯片的大小，可通过（　　　）命令来实现。

  A. 在普通视图下直接拖曳幻灯片的四条边框

  B. 在"常规"工具栏上的"显示比例"列表框中选择

  C. 选择"格式"→"幻灯片版面设置"命令

  D. 选择"设计"选项卡中"页面设置"设置

57. 下面对幻灯片的打印描述中，正确的是（　　　）。

  A. 须从第一张幻灯片开始打印

  B. 不仅可以打印幻灯片，还可以打印讲义和大纲

  C. 须打印所有幻灯片

  D. 幻灯片只能打印在纸上

58. 在 PowerPoint 2010 中，利用（　　　）和动作设置，可以制作具有交互功能的演示文稿，以便于更好地说明问题。

  A. 书签   B. 超链接技术   C. 配色方案   D. 模板

59. 在 PowerPoint 2010 中，如果选择多张幻灯片，可按住（　　　）键，再单击要选择的幻灯片。

  A. Ctrl   B. Esc   C. Shift   D. Delete

60. 播放演示文稿的快捷键是（　　　）。

  A. Enter   B. F5   C. Alt+Enter   D. F7

61. 插入演示文稿的背景能修改吗？（　　　）

  A. 能   B. 不能   C. 有时能   D. 以上都不对

62. 当新插入的剪贴画遮挡住原来的对象时，下列说法中不正确的是（　　　）。

  A. 可以调整剪贴画的大小

  B. 可以调整剪贴画的位置

  C. 只能删除这个剪贴画，更换大小合适的剪贴画

  D. 调整剪贴画的叠放次序，将被遮挡的对象提前

二、多项选择题

1. PowerPoint 2010 的工作视图有（　　　）。

  A. 编辑视图   B. 阅读视图   C. 普通视图   D. 备注页视图

  E. 幻灯片浏览视图

2. PowerPoint 2010 有哪些对齐格式（　　　）。

  A. 顶端对齐   B. 底端对齐   C. 右对齐   D. 左右居中

  E. 左对齐   F. 上下居中

3. 在 PowerPoint 2010 中，超链接的目标可以是（　　　）。

  A. 本文档中的位置 B. 电子邮件地址   C. 书签   D. 新建文档

  E. 原有文件或网页

4. 在 PowerPoint 2010 中，下列说法中正确的是（　　　）。

  A. 打印演示文稿时，每页打印纸能输出默认 6 张的幻灯片

  B. 撤销的操作还可以再恢复

  C. 每张幻灯片都可以添加编号

D. 单击"视图""网格线、参考线"可以在编辑幻灯片时显示网格线

E. 幻灯片中不能插入自动更新的日期

5. PowerPoint 2010 中普通视图的工作区域有（　　）。

A. 选项卡

B. 大纲选项卡或窗格

C. 幻灯片选项卡或窗格

D. 备注窗格 　　E. 幻灯片窗口

6. 在 PowerPoint 2010 中，动作设置可以实现的功能有（　　）。

A. 可以设置幻灯片的切换方式

B. 可以实现与 Internet 的超链接

C. 在众多幻灯片中实现快速跳转

D. 可以设定对象的动画方式

E. 可以启动某个应用程序或宏

7. 在 PowerPoint 2010 中，下列描述错误的是（　　）。

A. 打包的演示文稿，可以在没有 PowerPoint 软件的计算机上安装后播放

B. 不可以将 Word 文档制作为演示文稿

C. 无法在浏览器中浏览演示文稿

D. 演示文稿不能发送到 Word 中

E. 幻灯片制作完毕后不能再调整次序

8. 在 PowerPoint 2010 中，演示文稿的母版包括（　　）。

A. 普通幻灯片母版

B. 讲义母版

C. 标题幻灯片母版

D. 幻灯片母版 　　E. 备注母版

9. 在 PowerPoint 2010 中，打包演示文稿时，单击"选项"按钮，在"选项"对话框中可以设置（　　）。

A. 打包文件中是否包含链接的文件

B. 打开每个演示文稿时所用密码

C. 修改每个演示文稿时所用密码

D. 打包文件中是否包含 PowerPoint 播放器

E. 打包文件中是否包含嵌入的 TrueTyp 字体

10. 在 Windows 7 操作系统下，启动 PowerPoint 2010 可以采取以下方法（　　）。

A. 若桌面上有 PowerPoint 的快捷图标，双击该图标即可

B. 执行"开始"按钮中的"运行"选项，在"运行"对话框的"打开"文本框中输入"PowerPoint"

C. 在控制面板中双击"任务栏和开始菜单"，在出现的对话框中选择"开始菜单"选项卡中的"Microsoft PowerPoint 2010"

D. 在资源管理器或"计算机"中，双击打开任一个 PowerPoint 文档即可同时启动 PowerPoint 2010

E. 单击"开始"按钮，运行"所有程序"中"Microsoft Office"菜单的"Microsoft PowerPoint 2010"选项

11. 在 PowerPoint 2010 中，设置一张幻灯片切换效果时，说法错误的是（　　）。

A. 可以同时使用 2～5 种切换效果

B. 可以同时使用多种形式的切换效果

C. 可以同时使用 2 种形式的切换效果

D. 最多可以同时使用 5 种形式的切换效果

12. 如果要播放演示文稿，可以使用（　　）。

A. 单击幻灯片放映按钮

    B. 选择"幻灯片放映"选项卡中的"设置放映方式"命令

    C. 选择"幻灯片放映"选项卡中的"从头开始"命令

    D. 按键盘上的 F5 键

    E. 选择"视图"菜单中的"幻灯片放映"命令

13. 在 PowerPoint 2010 中，对文字或段落能设置（　　　　）。

    A. 段前距   B. 行距   C. 段后距   D. 字间距

14. 幻灯片放映过程中，"屏幕"子菜单包含（　　　）命令。

    A. 画笔颜色   B. 结束放映   C. 黑屏   D. 暂停

    E. 擦除笔记

15. PowerPoint 2010 中选择幻灯片中多个图形的正确方法是（　　　　）。

    A. 依次单击各个图形可以选择多个图形

    B. 可按住 Ctrl 键，依次单击各个图形可以选择多个图形

    C. 按住 Shift 键，依次单击各个图形可以选择多个图形

    D. 在编辑区内拖动鼠标将各个图形圈起来

    E. 按住 Alt 键，依次单击各个图形可以选择多个图形

16. 在 PowerPoint 2010 中，可以使用的对象类型有（　　　　）。

    A. 图片   B. 视频   C. 音频   D. 表格

    E. 组织结构图

17. 在 PowerPoint 2010 中，超链接的目标可以是（　　　　）。

    A. 原有文件或网页   B. 电子邮件地址

    C. 本文档中的位置   D. 书签   E. 新建文档

18. 在 PowerPoint 2010 演示文稿放映过程中，以下控制方法正确的是（　　　　）。

    A. 可以用键盘控制

    B. 只能通过鼠标进行控制

    C. 单击鼠标，幻灯片可切换到"下一张"而不能切换到"上一张"

    D. 可以单击鼠标右键，利用弹出的快捷菜单进行控制

    E. 可以用鼠标控制

19. 在 PowerPoint 2010 中，对选中的文本或文本占位符添加项目符号时，可设置其（　　　　）。

    A. 动态效果   B. 大小   C. 字符   D. 图片

    E. 颜色

20. 关于动画，下列说法中正确的是（　　　　）。

    A. 可以带声音   B. 可以添加效果   C. 不可以进行预览   D. 不可以添加效果

    E. 可以调整顺序

三、判断题

1. 在 PowerPoint 2010 中，"隐藏幻灯片"就是删除幻灯片。（　　　）

2. 在 PowerPoint 2010 中，超链接可以设定启动某一个应用程序。（　　　）

3. 在 PowerPoint 2010 中，在幻灯片放映时，如按 B 键，可以切换到黑屏；按 W 键，可以切换到白屏。（　　　）

4. PowerPoint 2010 中不能使用艺术字。（　　　）

5. 在 PowerPoint 2010 中，在幻灯片放映时只能进行全屏放映。（   ）

6. 在 PowerPoint 2010 中，使用模板可以为幻灯片设置统一的外观样式。（   ）

7. PowerPoint 2010 中选定文本后单击"格式刷"可以将格式传给多处文本。（   ）

8. 在 PowerPoint 2010 中，即使已经定义了动画方式，放映幻灯片时仍可以不播放动画效果。（   ）

9. 在 PowerPoint 2010 中，只有在"普通"视图中才能插入新幻灯片。（   ）

10. 在 PowerPoint 2010 中，退出演示文稿放映可用 Esc 键。（   ）

11. 在 PowerPoint 2010 中，为了保证在移动对象时，对象沿水平或垂直方向移动，可以在移动对象时按住 Ctrl 键。（   ）

12. 在 PowerPoint 2010 中，一旦选择循环放映则将无法终止。（   ）

13. 在 PowerPoint 2010 中，插入到演示文稿的背景能修改。（   ）

14. 在 PowerPoint 2010 中，幻灯片中的所有对象都可以添加动画效果。（   ）

15. 隐藏了的幻灯片在运行演示文稿时仍然保留在文件中。（   ）

16. 在 Powerpoint 2010 自定义动画设置中，不能删除已设置好的动画。（   ）

17. 在 Powerpoint 2010 中，可以使用多个幻灯片母版。（   ）

18. 在 Powerpoint 2010 中，当一幻灯片要建立超链接时，可以链接到其他演示文稿上。（   ）

19. 在 PowerPoint 2010 中，超链接和动作设置是一回事。（   ）

20. 在 PowerPoint 2010 中，只有在"普通"视图中才能插入新幻灯片。（   ）

21. 在 PowerPoint 2010 中，若想一张纸上打印多张幻灯片必须按大纲方式打印。（   ）

22. 幻灯片放映视图中，可以看到对幻灯片演示设置的各种放映效果。（   ）

23. 要在幻灯片非占位符的空白处增加文本，可以先单击目标位置，然后输入文本。（   ）

24. 要将幻灯片的标题文本颜色一律改为红色，只需在幻灯片母版上做一次修改即可，这样以后的幻灯片上的标题文本也为红色。（   ）

25. 在 PowerPoint 2010 中，占位符和文本框一样，也是一种可插入的对象。（   ）

26. 对演示文稿应用设计模板后，原有的幻灯片母板、标题母板、配色方案不会因此而发生改变。（   ）

27. 单击"幻灯片放映"选项卡的"设置放映方式"按钮，可以设置演示文稿的放映方式。（   ）

28. 放映幻灯片的时候只能按照幻灯片页码顺序放映。（   ）

29. 演示文稿 PowerPoint 2010 设计模板的扩展名为.potx。（   ）

30. 在演示文稿 PowerPoint 2010 中，一旦对某张幻灯片应用模板后，其余幻灯片将会应用相同的模板。（   ）

31. 演示文稿一般按原来的顺序依次放映，有时需要改变这种顺序，这可以借助于超链接的方法来实现。（   ）

32. 用"动画"选项卡设置动画效果时，能根据需要重新设计各对象出现的顺序。（   ）

33. 可以把多个图形作为一个整体进行移动、复制或改变大小。（   ）

34. 在 PowerPoint 2010 中，系统提供的幻灯片自动版式共 12 种。（   ）

35. 在 PowerPoint 2010 中，不能插入 Word 表格。（   ）

36. 设置幻灯片的"水平百叶窗""盒状展开"等切换效果时，不能设置切换的速度。（   ）

37. 使演示文稿的所有幻灯片上均出现"泰山"字样的简便方法是逐张幻灯片输入。（   ）

6.3　实验操作

6.3.1　实验一

一、实验目的

（1）掌握演示文稿的创建与打开操作，学习编辑和修饰演示文稿的基本方法。

（2）学会在演示文稿中插入各种对象，包括文本框、图片、艺术字等，以及对象的编辑。

（3）掌握幻灯片的复制、移动、删除等操作。

（4）掌握保存以及演示文稿的放映操作。

二、实验过程

1. 创建演示文稿

（1）启动 PowerPoint 2010 程序后默认新建一个空白演示文稿，如图 6-1 所示，该演示文稿只包含一张幻灯片，默认设计模板，"标题幻灯片"版式，文件名"演示文稿 1.pptx"。

图 6-1　空白演示文稿

（2）PowerPoint 2010 程序已启动，单击"文件"→"新建"命令，在右侧打开的对话窗格中"可用的模板与主题"下选择"空白演示文稿"，如图 6-2 所示。单击"创建"按钮创建一个新的空白演示文稿。

图 6-2　幻灯片新建设计任务窗格

（3）根据模板或主题创建演示文稿。单击"文件"→"新建"命令，在右侧打开的对话窗格中"可用的模板与主题"下选择"样本模版"，如图 6-3 所示；选择"培训"模板，单击"确定"按钮，创建一个新的空白演示文稿，如图 6-4 所示。

图 6-3　幻灯片新建设计任务窗格之"培训"模板

图 6-4　利用样本模板创建"培训"模板演示文稿

单击"文件"→"新建"命令，在右侧打开的对话窗格中"可用的模板与主题"→"主题"，如图 6-5 所示，选择"暗香扑面"主题，单击"确定"按钮，创建一个新的空白演示文稿如图 6-6 所示。

图 6-5　幻灯片新建设计任务窗格之"暗香扑面"主题

图 6-6　选择"暗香扑面"主题创建演示文稿

2．演示文稿内容编辑

（1）文本编辑与格式设置

如图 6-6 演示文稿中，在"单击此处添加标题"占位符处输入标题"泰山旅游攻略"，在"单击此处添加副标题"占位符处输入"马蜂窝"。

（2）选择"开始"→"幻灯片"组→"新建幻灯片"下拉按钮，选择"暗香扑面"主题中"标题和内容"版式，如图 6-7 所示。

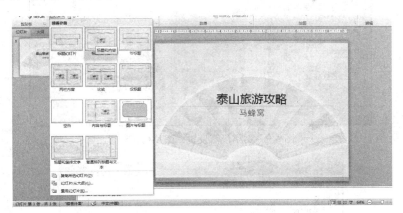

图 6-7　"新建幻灯片"下拉菜单中"标题和内容"版式

单击"标题和内容"幻灯片中"单击此处添加标题"占位符、"单击此处添加文本"占位符，输入如图 6-8 所示内容，选择"开始"→"字体"组中的有关按钮修饰设置标题字为"隶书"、40 号字，文本为华文中宋、32 号字。

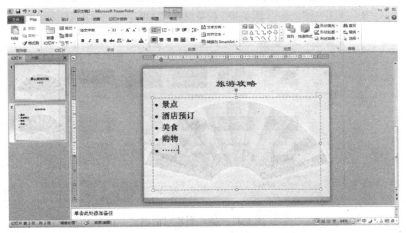

图 6-8　"标题和内容"幻灯片输入内容及格式化

（3）重复步骤（2）插入一张新幻灯片，选择"两栏内容"版式幻灯片。如图 6-9 所示，在"标题"的占位符输入"景点十八盘"；左边"文本"的占位符，输入与十八盘相关文字，选中该文字在"开始"→"段落"组中有关文本对齐按钮，选择"开端对齐"文本对齐方式或单击"段落"组右下角 ▣ "显示段落对话框"按钮，设置段落格式，如图 6-10 所示。

在右边"文本"占位符中，单击"插入"→"插图"→"图片"按钮，如图 6-11 所示，选择"十八盘"图片，单击"插入"按钮将图片插入到当前幻灯片中。双击图片在"图片格式"→"图片样式"中选择样式、选择"图片效果"→"柔化边缘""大小"组中设置图片大小,效果如图 6-9 所示。

图 6-9　文字段落设置、图片格式设置

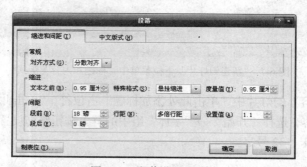

图 6-10　段落设置对话框

图 6-11　插入图片对话框

（4）重复步骤（2）插入一张新幻灯片,选择"暗香扑面"主题中的"仅标题"主题幻灯片。如图 6-12 所示,设置艺术字:在"标题"占位符选择"插入"→"文本"→"艺术字样式"组,选择第五行第三列艺术字,输入"景点　南天门",选中艺术字,单击"开始"→"字体"组中字体字号下拉按钮设置字体为华文新魏、字号为 60,然后单击"加粗" **B** 按钮设置加粗效果,选择"艺术字样式"组→"文本效果"→"转换"中"波形 1";插入文本框:选择"插入"→"文本"→"文本框"→"垂直文本框",输入相关文字,双击文本框,在"绘图格式"→"形状样式"设置文本框,选中文字设置文字段落格式;插入剪贴画:选择"插入"→"图像"→"剪贴画",输入

"南天门"，选中相关图片插入，设置图片格式。

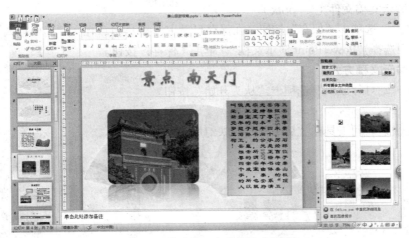

图 6-12　艺术字、文本框格式设置

同上，插入新幻灯片，"插入"→"插图"→"形状"按钮，选择"矩形标注"，输入如图 6-13 文字，在"绘图工具"上设置格式。

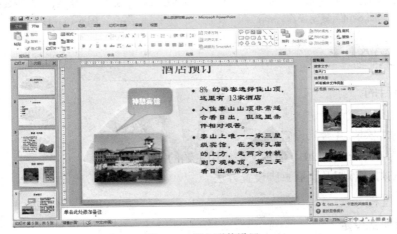

图 6-13　插入形状设置

（5）同样，可以插入表格和图表对象，也可以插入 Excel 电子表格。

设置对象格式：选中要设置格式的对象，功能区上增加"图片工具"的"格式"选项或"绘图工具"的"格式"选项卡进行设置。

3. 幻灯片的复制、移动、删除

（1）复制：在当前文稿中，单击状态栏上的"幻灯片浏览"按钮进入"幻灯片浏览"视图。按住 Ctrl 键，依次选择第 3、第 4 张幻灯片，然后按 Ctrl+C 组合键，复制到剪贴板上，在第五张幻灯片单击鼠标确定复制位置，按 Ctrl+V 组合键完成复制操作，如图 6-14 所示。

（2）移动：在当前文稿中"幻灯片浏览"视图状态下。按住 Ctrl 键，依次选择第 6、第 7 张幻灯片，然后按 Ctrl+X 组合键，将其剪切到剪贴板上，在最后一张幻灯片单击鼠标确定移动位置，按 Ctrl+V 组合键完成移动操作，如图 6-15 所示。

（3）删除：在当前文稿中"幻灯片浏览"视图状态下，按住 Ctrl 键，依次选择当前最后两张

幻灯片，然后按 Delete 键将其删除。

4. 保存演示文稿文件（*. pptx）

单击"文件"选项卡"保存"按钮，在保存目录中选择 D 盘，在文件名中输入"泰山旅游攻略"，保存类型选择"PowerPoint 演示文稿"，单击"保存"按钮。

5. 放映演示文稿方式

（1）单击"幻灯片放映"选项卡"从头开始"按钮。

（2）按 F5 键。

（3）单击快速访问工具栏"从头开始放映幻灯片"按钮。

 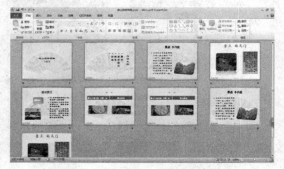

图 6-14　复制操作　　　　　　　　　图 6-15　移动操作

6.3.2　实验二

一、实验目的

（1）掌握幻灯版式的设定。

（2）熟练掌握幻灯片背景设置。

（3）学习为 PowerPoint 2010 演示文稿应用主题的操作。

（4）掌握幻灯片母版及页眉页脚设置方法。

二、实验过程

1. 幻灯片版式设定

（1）启动 PowerPoint 2010 程序后默认新建一个空白演示文稿，如图 6-1 所示，该演示文稿只包含一张幻灯片，默认设计模板，"标题幻灯片"版式，文件名"演示文稿 1.pptx"。

（2）启动 PowerPoint 2010 程序，单击"文件"→"打开"，选择实验一创建的"泰山旅游攻略.pptx"演示文稿，在左侧幻灯片空格中选中第二张幻灯片；单击"开始"→"幻灯片"组→"版式"下拉按钮，打开"版式"下拉列表，向下拖动"版式"下拉列表右边滚动条，如图 6-16 所示选中"垂直排列标题与文本"版式。

2. 幻灯片背景设置

打开"泰山旅游攻略.pptx"演示文稿，在左侧幻灯片窗格中选中第一张幻灯片，单击"设计"→"背景"组下拉按钮，或者在要设置背景颜色的幻灯片中任意位置（除占位符外）单击鼠标右键，选择"设置背景格式"命令，打开"设置背景格式"对话框，如图 6-17 所示。

（1）选择"纯色填充"：在颜色下拉列表中可选取一种单一颜色作为背景，如图 6-17 所示。

（2）选择"渐变填充"：设置"预设颜色"选择"雨后天晴""宝石蓝"等颜色；设置"类型"

及"方向"的选择，可以为幻灯片设置一种渐变效果，如图 6-18 所示。

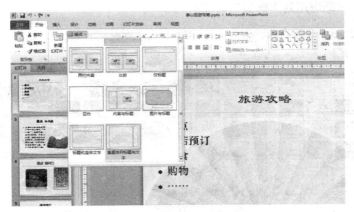

图 6-16　幻灯片版式列表

图 6-17　背景格式纯色填充

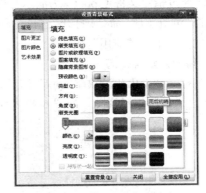

图 6-18　背景格式渐变填充

（3）选择"图片或纹理填充"：在"纹理"下拉列表选取一种纹理作为背景；单击"文件"
按钮，可以在打开的"插入图片"对话框中指定一个图片文件作为幻灯片的背景，如图 6-19 所示。

（4）选择"图案填充"：在给定的图案列表中选取一种图案作为背景，如图 6-20 所示。

图 6-19　背景格式图片或纹理填充

图 6-20　背景格式图案填充

3．应用主题的应用

（1）应用内置主题效果：打开"泰山旅游攻略.pptx"演示文稿，单击"设计"→"主题"组

→ "其他" 按钮 ，打开 "所有主题" 列表，如图 6-21 所示，选中某一主题，会弹出该主题的名称，选择 "跋涉" 主题应用到当前演示文稿中。

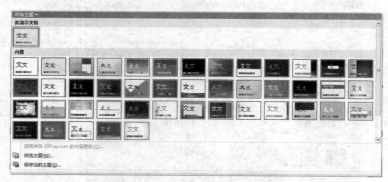

图 6-21　内置主题效果列表

（2）通过指定文件（.potx）为演示文稿应用主题效果：同上如图 6-21 所示，在打开的下拉列表中选择 "浏览主题" 命令，打开 "选择主题或主题文档" 对话框，在指定位置选择扩展名为 ".potx" 的主题文件，单击 "应用" 按钮。

4．编辑幻灯片母版

（1）打开 "泰山旅游攻略.pptx" 演示文稿，选择 "视图" → "母版版式" 组 → "幻灯片母版视图"，进入母版编辑视图，如图 6-22 所示。

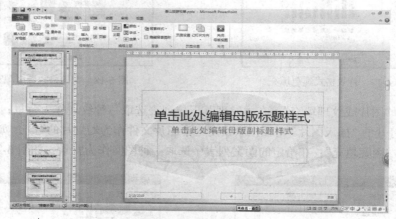

图 6-22　母版编辑视图

（2）在幻灯片左侧的母版列表中选择标题母版，如图 6-23 所示，删除标题母版中的 "日期时间区" "页码" 和 "页脚区" 占位符。

在幻灯片左侧的母版列表中选择幻灯片母版，如图 6-24 所示，编辑标题文字的字体为 "隶书"，字号为 40，同时修改 "日期和时间" "页码" "页脚" 的字号为 18。

（3）如图 6-22 所示，单击 "幻灯片母版" 选项卡 → "背景" 组右下角 "设置背景格式" 按钮，弹出 "设置背景格式" 对话框，设置方法与幻灯片背景设置方式一样。

（4）单击 "插入" 选项卡中的 "页眉和页脚"，在如图 6-25 所示的对话框中选中 "日期和时间" 复选框的 "自动更新" 选项，选中 "幻灯片编号" "页脚" 并输入页脚文字 "泰山旅游攻略"，单击 "全部应用"。

图 6-23　母版编辑视图中标题幻灯片

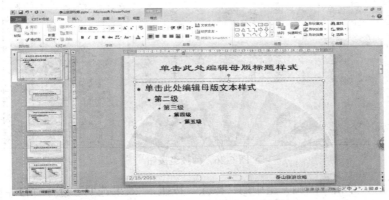

图 6-24　母版编辑视图中幻灯片母版

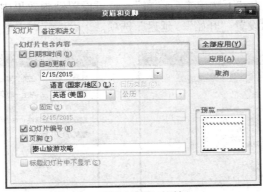

图 6-25　页眉和页脚对话框

（5）选择"幻灯片母版"选项卡，单击"关闭"母版视力，返回幻灯片编辑视图。

6.3.3　实验三

一、实验目的

（1）熟练掌握设置幻灯片动画效果的基本方法。

（2）设置幻灯片切换效果的操作方法。

（3）熟练掌握 PowerPoint 2010 演示文稿超链接的有关操作。

二、实验过程

1. 设置动画效果

打开实验一建立的"D:\泰山旅游攻略.pptx"，为第四张幻灯片设置动画效果。选中第四张幻灯片标题，单击"动画"选项卡→"动画"组的"其他"按钮，如图 6-26 所示，在下拉的列表中选择"进入"中的"飞入"。单击"动画"组中的"效果选项"按钮，在下拉列表中选择"自顶部"；选中剪贴画，单击"动画"组中的"劈裂"按钮，单击"效果选项"按钮，选择"中央向左右展开"。

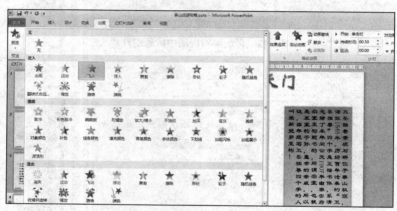

图 6-26　动画组按钮

选中文本内容，单击"动画"组中的"擦除"按钮，"效果选项"选择"自左侧"。选择"动画"组中的"其他"按钮，打开"擦除"对话框，如图 6-27 所示。在"效果"选项卡设置"动画播放后"下拉列表框为"下次单击后隐藏"，也可设置动画效果中的设置方向；单击"计时"选项卡，如图 6-28 所示设置"开始""延迟"选项。

图 6-27　效果设置

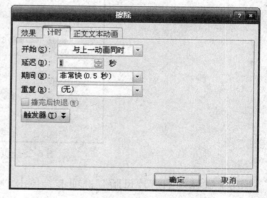

图 6-28　计时设置

2. 设置幻灯片切换效果

（1）设置一张幻灯片切换效果：打开实验一建立的"D:\泰山旅游攻略.pptx"，选中第三张幻灯片，单击"切换"选项卡→"切换至此幻灯片"组→"随机线条"按钮，如图 6-29 所示，效果选项选择"垂直"；单击"切换"选项卡→"计时"组→"全部应用"按钮、设置"持续时间"

为 2 秒、"设置自动换片时间"为 3 秒。或选择"切换至此幻灯片"组右下"其他"按钮选择其他切换效果。

图 6-29　幻灯片切换效果

（2）设置所有幻灯片切换效果：如上设置完切换效果，单击"切换"选项卡→"计时"组→"全部应用"按钮即可。

3. 在幻灯片中建立简单的超级链接

打开实验一建立的"D:\泰山旅游攻略.pptx"，选中第二张幻灯片中的"景点"，单击鼠标右键，单击"超链接"按钮，在打开的如图 6-25 所示的"插入超链接"对话框中，单击"本文档中的位置"，在"文档中的位置"对话框中选择第 3 张幻灯片"景点 十八盘"，单击"确定"按钮返回幻灯片编辑窗口。同文字编辑软件 Word 一样，插入超链接也可以链接到现有文件或网页等。

图 6-30　本文档插入超链接

6.3.4　综合实验

一、实验目的

掌握 PowerPoint 2010 演示文稿操作典型问题的解决方法，熟悉 PowerPoint 2010 操作中各种综合应用的操作技巧，本实验的例题取自上机练习系统中的典型试题。

二、实验过程

【模拟练习 1】打开 PPTKT 文件夹下的 PPT14A.pptx 文件，进行如下操作：

（1）在第一张之前插入一张新的幻灯片，版式为"空白"，并在此幻灯片中插入艺术字，样式为第六行第三列的样式。艺术字设置如下。

文字：人口普查，字体格式为：隶书，80 磅；文本效果："转换"中的"倒 V 形"。

（2）为第二张幻灯片（标题：我国的人口普查）中的图片添加超链接，单击鼠标时链接到：http://www.stats.gov.cn。

（3）为最后一张幻灯片中（标题：第六次全国人口普查）的内容占位符添加动画：

效果："进入"效果中的"劈裂"，效果选项："中央向上下展开"。

开始：上一动画之后；延迟：1 秒；持续时间为：3 秒，声音：风铃。

（4）将所有幻灯片的切换效果设置为"闪耀"、持续 4 秒、5 秒后自动换片。

（5）将演示文稿的主题设置为 PPTKT 文件夹中的"跋涉.potx"。

（6）最后将此演示文稿以原文件名存盘。

具体操作步骤：

（1）单击左栏"幻灯片视图"第一张幻灯片之前位置，单击"开始"选项卡→"幻灯片"组→"新建幻灯片"下拉按钮，选择"空白"版式。单击新建幻灯片，选择"插入"→"文本"组→"艺术字样式"下拉按钮，在此选择第六行第三列艺术字，输入"人口普查"，选中艺术字，单击"开始"→"字体"组中字体字号下拉按钮设置字体为"隶书"、字号为 80 磅，选择"艺术字样式"组→"文本效果"→"转换"中"倒 V 形"。

（2）在左栏"幻灯片视图"，单击第二张幻灯片，选择图片，单击"插入"→"链接"→"超链接"按钮，在如图 6-31 所示的地址栏中输入 http://www.stats.gov.cn，单击"确定"按钮即可。

图 6-31 插入超链接设置

（3）在左栏"幻灯片视图"，单击最后一张幻灯片，选择标题"第六次全国人口普查"，单击"动画"选项卡→"动画"组→"其他"按钮，选择"进入"组→"劈裂"按钮，单击"动画"组→"效果选项"右下角"其他效果选项"按钮，弹出的"劈裂"对话框如图 6-32 所示。在"效果"选项卡中"方向"下拉菜单选择"中央向上下展开"，"声音"下拉菜单选择"风铃"。单击"计时"选项卡，设置如图 6-33 所示，选择开始"上一动画之后"、延迟"1 秒"、期间为"慢速（3 秒）"。

图 6-32 "劈裂"对话框

图 6-33 劈裂计时设置

（4）单击"切换"选项卡→"切换至此幻灯片"组右下"其他"按钮，打开切换下拉列表，选择"华丽型"→"闪耀"切换效果。单击"切换"选项卡→"计时"组→"全部应用"按钮、设置"持续时间"为 4 秒、"设置自动换片时间"为 5 秒。

（5）选择"设计"→"主题"组→"其他"按钮，打开"主题"下拉列表，选择"浏览主题"

命令，在 PPTKT 文件夹中选择"跋涉.potx"主题文件，修改演示文稿主题。

（6）最后单击"文件"→"保存"命令或按 Ctrl+S 组合键按原文件名存盘。

【模拟练习 2】打开 PPTKT 文件夹下的"PPT14D.pptx"文件，进行如下操作：

（1）将 PPTKT 文件夹下"赛龙舟 D. pptx"文件中的幻灯片插入到演示文稿的末尾。

（2）为第一张幻灯片中的文本，"叼羊"添加超级链接，单击时跳转到第四张幻灯片。

（3）为第二张幻灯片中的图片添加动画。动画效果："进入"效果中的"弹跳"；开始：与上一动画同时开始；持续时间：4 秒；动画播放后：下次单击后隐藏。

（4）将第四张幻灯片的版式修改为"两栏内容"，为右边的占位符添加图片，图片来自 PPTKT 文件夹下的图片文件：叼羊 D.Jpg；并为图片添加超链接，链接到 http://baike.baidu.com。

（5）将演示文稿的主题设置为 PPTKT 文件夹中的"Level. Potx"。

（6）最后将此演示文稿以原文件名存盘。

具体操作步骤：

（1）单击任务栏"幻灯片浏览"按钮，进入"幻灯片浏览"视图，选择最后一张幻灯片。单击"开始"→"新建幻灯片"下拉按钮→"重用幻灯片"命令，打开"重用幻灯片"对话框，单击"浏览"→"浏览文件"选择将 PPTKT 文件夹下"赛龙舟 D. pptx"文件，如图 6-34 所示，单击"赛龙舟 D. pptx"文件中的幻灯片插入到演示文稿的末尾。

（2）双击第一张幻灯片中，回到"普通视图"，选择文本"叼羊"，单击"插入"→"链接"组→"超级接"命令，如图 6-35 所示，选择"本文档中的位置"→第四张幻灯片，单击"确定"按钮。

图 6-34　重用幻灯片

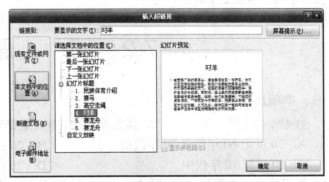

图 6-35　插入超链接

（3）选中第二张幻灯片中的图片，单击"动画"选项卡→"动画"组→"其他"按钮，选择"进入"组→"弹跳"按钮，单击"动画"组→"效果选项"右下角"其他效果选项"按钮，在"效果"选项卡设置"动画播放后"为"下次单击后隐藏"选项、在"时间"选项卡设置"开始"为"与上一动画同时"选项、"持续时间"为 4 秒。

（4）选择第四张幻灯片，单击"开始"→"幻灯片"组→"版式"下拉按钮，在"版式"下拉列表中选择"两栏内容"。单击右边占位符，选择"插入"→"图像"→"图片"，在"插入图片"对话框中选择 PPTKT 文件夹下"叼羊 D. Jpg"图片文件。单击鼠标右键，选择"超链接"命令，在现"有文件或网页"选项卡中的地址栏输入"Http://baike.baidu.com"。

（5）选择"设计"→"主题"组→"其他"按钮，打开"主题"下拉列表，选择"浏览主题"命令，选择 PPTKT 文件夹中的"Level.potx"主题文件，修改演示文稿主题。

（6）最后单击"文件"→"保存"命令或按 Ctrl+S 组合键按原文件名存盘。

第7章

数据库管理系统 Access 2010

7.1 教学要求及大纲

本章主要内容是了解数据库管理系统 Access 2010 的启动、退出和界面的构成；掌握创建和使用 Access 数据库的一般方法；熟练掌握创建数据库中的表及其数据录入、创建表间关系、修改表的设计；掌握查询的建立、操作和使用；掌握窗体的组成、建立方法；掌握报表的组成、建立、编辑方法等。

参考学时：实验 2 学时。

7.2 习　　题

一、单项选择题

1. 数据库技术产生于（　　　），其主要目的是有效地管理和存取大量的数据资源。

    A. 20 世纪 60 年代末 70 年代初　　　　　　B. 20 世纪 70 年代末 80 年代初

    C. 20 世纪 70 年代中　　　　　　　　　　D. 20 世纪 50 年代末 60 年代初

2. 数据库技术主要研究如何存储、使用和管理数据，其中关于"数据"的描述不正确的是（　　　）。

    A. 存储在某一种媒体上的数据形式　　　B. 描述事物特性的数据内容

    C. 只包含数字、字母，不包括音频、视频　D. 存储在某种媒体上能够识别的物理符号

3. 数据库是（　　　）。

    A. 一些数据的集合

    B. 为了实现一定目的按照规则和方法组织起来的数据集合

    C. 磁盘上的一个数据文件

    D. 辅助存储器上的一个文件

4. 数据库系统的核心是（　　　）。

    A. 数据库　　　　　B. 数据库管理系统　　　C. 数据模型　　　　　D. 软件工具

5. 对数据库和数据仓库的数据来源，下列说法中正确的是（　　　）。

    A. 数据库的数据一般来源于同种数据源，而数据仓库的数据可以来源于多个异种数据源

B. 数据库的数据可以来源于多个异种数据源，而数据仓库的数据一般来源于同种数据源

C. 两者一般来源于同种数据源

D. 两者都可以来源于多个异种数据源

6. DBMS 是（　　　）

　　A. 数据库　　　　　　B. 数据库系统　　　　C. 数据库管理系统　　D. 数据处理系统

7. Access 是（　　　）公司的产品。

　　A. Sony　　　　　　B. Intel　　　　　　C. 微软　　　　　　D. IBM

8. 数据库（DB）、数据库系统（DBS）和数据库管理系统（DBMS）三者之间的关系是（　　　）。

　　A. DBMS 包括 DB 和 DBS　　　　　　B. DBS 就是 DB，也就是 DBMS

　　C. DBS 包括 DB 和 DBMS　　　　　　D. DB 包括 DBS 和 DBMS

9. DBMS 的主要功能不包括（　　　）。

　　A. 数据定义　　　　　　　　　　　　B. 数据操纵

　　C. 网络连接　　　　　　　　　　　　D. 数据库的建立和维护

10. 根据处理对象的不同，数据库管理系统的层次结构的最高级和最低级分别是（　　　）。

　　A. 操作系统　应用层　　　　　　　　B. 应用层　操作系统

　　C. 应用层　语言翻译处理层　　　　　D. 数据存取层　数据存储层

11. 下列关于数据库的概念，说法错误的是（　　　）。

　　A. 二维表中每个水平方向的行称为属性

　　B. 一个关系就是一张二维表

　　C. 候选码是关系的一个或一组属性，它的值能唯一地标识一个元组

　　D. 一个属性的取值范围叫做一个域

12. 在 Access 中，（　　　）是数据库中存储数据的最基本的对象。

　　A. 报表　　　　　　B. 表　　　　　　C. 工作表　　　　　　D. 查询表

13. 在数据库系统设计的各个阶段中，涉及数据模型的阶段是（　　　）。

　　A. 逻辑设计　　　　B. 物理设计　　　　C. 需求分析　　　　D. 概念设计

14. （　　　）是根据用户的需求，在某一具体数据库系统中，设计数据库的结构和建立数据库的过程。

　　A. 数据挖掘　　　　B. 数据库管理　　　　C. 数据分析　　　　D. 数据库设计

15. 下列有关数据库的说法中，不正确的是（　　　）。

　　A. 数据库避免了一切冗余　　　　　　B. 数据库中的数据可以共享

　　C. 数据库具有较高的数据独立性　　　D. 数据库减少了数据冗余

16. 在设计数据库的过程中，进行需求分析的目的是（　　　）。

　　A. 获取用户的信息要求、处理要求、安全性要求和完整性要求

　　B. 建立"物理数据库"

　　C. 收集数据并具体建立一个数据库，运行典型的应用任务来验证数据库设计的正确性和合理性

　　D. 将现实世界的概念数据模型设计成数据库的一种逻辑模式

17. 一般来说，数据库的设计过程大致可分为（　　　）个阶段。

　　A. 3　　　　　　　　B. 4　　　　　　　　C. 5　　　　　　　　D. 6

18. 关系数据库中的表不必具有的性质是（　　　）。

　　A. 数据项不可再分　　　　　　　　　　B. 字段的顺序不能任意排列

　　C. 记录的顺序可以任意排列　　　　　　D. 同一列数据项要具有相同的数据类型

19. Access 2010 是一种（　　　）。

　　A. 数据库　　　　　B. 数据库系统　　　C. 数据库管理软件　　D. 数据库管理员

20. Access 2010 默认的数据文件夹是（　　　）。

　　A. Temp　　　　　　B. My Documents　　C. 用户自定义文件夹　D. Access

21. Access 2010 数据库使用（　　　）作为扩展名。

　　A. .mdb　　　　　　B. .db　　　　　　　C. .accdb　　　　　　D. .dbf

22. 在 Access 2010 中，如果一个字段中要保存长度多于 255 个字符的文本和数字的组合数据，选择（　　　）数据类型。

　　A. 文本　　　　　　B. 数字　　　　　　C. 备注　　　　　　　D. 字符

23. Access 2010 数据库属于（　　　）数据库系统。

　　A. 树状　　　　　　B. 逻辑型　　　　　C. 层次型　　　　　　D. 关系型

24. 下列对 Access 2010 数据表的描述错误的是（　　　）。

　　A. 数据表是数据库的重要对象之一　　　B. 表的设计视图主要用于设计表的结构

　　C. 表的数据视图只能用于显示数据　　　D. 可将其他数据中的表导入当前库中

25. 在 Access 中，数据库的核心与基础是（　　　），是实际存放数据的地方。

　　A. 表　　　　　　　B. 查询　　　　　　C. 报表　　　　　　　D. 宏

26. （　　　）不是 Access 2010 中可以使用的运算符。

　　A. +　　　　　　　B. −　　　　　　　　C. ≥　　　　　　　　D. =

27. Access 2010 数据库对象中，唯一取消的对象（　　　）是实际存放数据的地方。

　　A. 数据访问页　　　B. 查询　　　　　　C. 报表　　　　　　　D. 窗体

28. Access 2010 数据库中的表是一个（　　　）。

　　A. 交叉表　　　　　B. 线型表　　　　　C. 报表　　　　　　　D. 二维表

29. Access 2010 数据库中不存在的数据类型是（　　　）。

　　A. 文本　　　　　　B. 数字　　　　　　C. 通用　　　　　　　D. 日期/时间

30. 在一个数据库中存储着若干个表，这些表之间可以通过（　　　）建立关系。

　　A. 内容不相同的字段　　　　　　　　　B. 相同内容的字段

　　C. 第一个字段　　　　　　　　　　　　D. 最后一个字段

31. 下列（　　　）不是 ACCESS 数据库的对象类型。

　　A. 表　　　　　　　B. 查询　　　　　　C. 窗体　　　　　　　D. 向导

32. 表与数据库之间的关系是（　　　）。

　　A. 一个数据库包含多个表　　　　　　　B. 一个表只能包含一个数据库

　　C. 一个表可包含多个数据库　　　　　　D. 一个数据库只能包含一个表

33. 一个关系就是一张二维表，其垂直方向的列称为（　　　）。

　　A. 域　　　　　　　B. 元组　　　　　　C. 属性　　　　　　　D. 分量

34. 表是由（　　　）组成的。

　　A. 字段和记录　　　B. 记录和窗体　　　C. 报表和查询　　　　D. 查询和字段

35. 在关系数据库中，一个关系的描述为：学生表（姓名，学号，总成级），其中的"姓名，学号，总成绩"被称为（　　　）。

    A．域　　　　　　　　B．分量　　　　　　C．元组　　　　　　D．属性

36．Access 2010 包括（　　　）种对象。

    A．5　　　　　　　　B．6　　　　　　　　C．7　　　　　　　　D．8

37．文本类型的字段大小默认为（　　　）个字符。

    A．120　　　　　　　B．250　　　　　　　C．255　　　　　　　D．1024

38．在数据库中能够唯一地标识一个元组的属性或属性的组合称为（　　　）。

    A．记录　　　　　　B．字段　　　　　　C．域　　　　　　　D．关键字

39．在 Access 2010 中，有关数据输入、输出界面以及应用系统控制界面的设计都是通过（　　　）对象来实现的。

    A．宏　　　　　　　B．窗体　　　　　　C．页　　　　　　　D．表

40．创建表时可以在（　　　）中进行。

    A．报表设计器　　　B．表浏览器　　　　C．表设计器　　　　D．查询设计器

41．在 Access 2010 中，可以使用（　　　）命令不显示数据表中的某些字段。

    A．筛选　　　　　　B．冻结　　　　　　C．删除　　　　　　D．隐藏

42．在 Access 2010 数据库中，专用于打印的是（　　　）。

    A．表　　　　　　　B．报表　　　　　　C．窗体　　　　　　D．宏

43．定义字段的默认值的含义是（　　　）

    A．不得使该字段为空　　　　　　　　　B．不允许字段的值超出某个范围

    C．系统自动提供数值　　　　　　　　　D．自动把小写字母转为大写

44．如果在创建表中建立字段"性别"，并要求用汉字表示，其数据类型应当是（　　　）。

    A．是/否　　　　　　B．数字　　　　　　C．文本　　　　　　D．日期/时间

45．（　　　）对象用于从指定的表中获取满足给定条件的记录。

    A．窗体　　　　　　B．查询　　　　　　C．报表　　　　　　D．表

46．Access 的"名次表"中的"姓名"与"成绩表"中的"姓名"建立关系，且两个表中的记录是唯一的，则这两个表之间的关系是（　　　）。

    A．多对多　　　　　B．一对一　　　　　C．多对一　　　　　D．一对多

47．建立表的结构时，一个字段由（　　　）组成。

    A．字段名称　　　　B．数据类型　　　　C．字段属性　　　　D．以上都是

48．Access2010 中，表的字段数据类型中不包括（　　　）。

    A．文本型　　　　　B．数字型　　　　　C．窗口型　　　　　D．货币型

49．Access2010 的表中，（　　　）不可以定义为主键。

    A．自动编号　　　　B．单字段　　　　　C．多字段　　　　　D．OLE 对象

50．在表的设计视图，不能完成的操作是（　　　）。

    A．修改字段的名称　　　　　　　　　　B．删除一个字段

    C．修改字段的属性　　　　　　　　　　D．删除一条记录

51．关于主键，下列说法中错误的是（　　　）。

    A．Access 2010 并不要求在每一个表中都必须包含一个主键

    B．在一个表中只能指定一个字段为主键

    C．在输入数据或对数据进行修改时，不能向主键的字段输入相同的值

D. 利用主键可以加快数据的查找速度

52. 如果一个字段在多数情况下取一个固定的值，可以将这个值设置成字段的（　　）。

    A. 关键字　　　　　　B. 默认值　　　　　　C. 有效性文本　　　　　D. 输入掩码

53. 创建数据库有两种方法：第一种方法是先建立一个空数据库，然后向其中填加数据库对象，第二种方法是（　　）。

    A. 使用"数据库视图"　　　　　　　　　　B. 使用"数据库向导"

    C. 使用"数据库模板"　　　　　　　　　　D. 使用"数据库导入"

54. 关闭 Access 系统的方法有（　　）。

    A. 单击 Access 右上角的"关闭"按钮　　　B. 选择"文件"选项卡中的"退出"命令

    C. 使用 Alt+F4 快捷键　　　　　　　　　　D. 以上都是

55. 若使打开的数据库文件只能浏览数据，要选择打开数据库文件的方式为（　　）。

    A. 以只读方式打开　　　　　　　　　　　B. 以独占只读方式打开

    C. 以独占方式打开　　　　　　　　　　　D. 打开

56. Access 中表和数据库的关系是（　　）。

    A. 一个数据库中包含多个表　　　　　　　B. 一个表只能包含两个数据库

    C. 一个表可以包含多个数据库　　　　　　D. 一个数据库只能包含一个表

57. 假设数据表 A 与 B 按某字段建立了一对多关系，B 为多方，正确的说法是（　　）。

    A. B 中一个字段可与 A 中多个字段匹配

    B. B 中一个记录可与 A 中多个记录匹配

    C. A 中一个字段可与 B 中多个字段匹配

    D. A 中一个记录可与 B 中多个记录匹配

58. "学号"字段中含有"1"、"2"、"3"、……等值，则在表设计器中，该字段可以设置成数字类型，也可以设置为（　　）类型。

    A. 日期/时间　　　　　B. 文本　　　　　　C. 备注　　　　　　　　D. 货币

59. 关系运算有两种：传统的集合运算和专门的关系运算。其中，前者包含并、差、交和（　　）。

    A. 选择　　　　　　　B. 连接　　　　　　C. 投影　　　　　　　　D. 广义笛卡儿积

60. 报表的主要目的是（　　）。

    A. 以打印格式展示数据　　　　　　　　　B. 方便数据的输入

    C. 在计算机屏幕上查看数据　　　　　　　D. 操作数据

61. 在 Access 2010 中，表在设计视图和数据表视图中转换，使用（　　）菜单。

    A. 文件　　　　　　　B. 编辑　　　　　　C. 窗口　　　　　　　　D. 设计/视图

62. （　　）是数据库与用户进行交互操作的最好界面。

    A. 宏　　　　　　　　B. 窗体　　　　　　C. 报表　　　　　　　　D. 查询

63. 数据访问页可以简单地认为就是一个（　　）。

    A. 数据库文件　　　　B. Word 文件　　　　C. 网页　　　　　　　　D. 子表

64. 数据访问页是一种独立于 Access 数据库文件，该文件类型是（　　）。

    A. TXT 文件　　　　　B. HTML 文件.　　　　C. MDB 文件　　　　．D. DOC 文件

65. 对数据访问页与 Access 数据库的关系的描述错误的是（　　）

    A. 数据访问页是 Access 数据库中的一种对象

    B. 数据访问页与其他 Access 数据库对象的性质相同的

C.　数据访问页创建与修改方式与其他数据库对象基本是一致的

D.　数据访问页与 Access 数据库无关

66.　在 Access 2010 中，窗体上显示的字段为表或（　　　）中的字段。

A.　报表　　　　　　　B.　查询　　　　　　　C.　标签　　　　　　　D.　数据访问页

67.　在 Access 2010 中，使用（　　　）操作可在数据表中快速地移动到最后一条记录。

A.　查找　　　　　　　B.　替换　　　　　　　C.　定位　　　　　　　D.　选择记录

68.　在 Access 2010 中，可以把（　　　）作为创建查询的数据源。

A.　查询　　　　　　　B.　报表　　　　　　　C.　窗体　　　　　　　D.　外部数据表

69.　在 Access 2010 中，（　　　）是报表中不可缺少的关键内容。

A.　报表页眉　　　　　B.　页面页眉　　　　　C.　主体节　　　　　　D.　报表页脚

70.　在 Access 2010 中，要改变字段的数据类型，应在（　　　）下设置。

A.　数据表视图　　　　B.　表设计视图　　　　C.　查询设计视图　　　D.　报表视图

71.　Access 提供的 7 种对象从功能和彼此间的关系考虑，可以分为 3 个层次，第一层次是（　　　）。

A.　表对象和报表对象　　　　　　　　B.　宏对象和查询对象

C.　表对象和查询对象　　　　　　　　D.　查询对象和报表对象

72.　Access 2010 提供了一个内置组"收藏夹"，用户能（　　　）。

A.　删除这个组　　　　　　　　　　　B.　重命名这个组

C.　在这个组中建立表　　　　　　　　D.　添加或删除数据库对象的快捷方式

73.　下列有关主键的叙述错误的是（　　　）。

A.　表中的主键的数据类型可以定义为自动编号或文本

B.　主键是数据表中的某一个字段

C.　不同表中的主键可以是相同的字段

D.　不同记录的主键值允许重复

74.　（　　　）是从两个关系的笛卡儿积中选取属性间满足一定条件的元组。

A.　连接运算　　　　　B.　选择运算　　　　　C.　集合运算　　　　　D.　投影运算

75.　除了从表中选择数据外，还可以对表中数据进行修改的查询是（　　　）。

A.　选择查询　　　　　B.　参数查询　　　　　C.　操作查询　　　　　D.　生成表查询

76.　操作查询不包括（　　　）。

A.　更新查询　　　　　B.　参数查询　　　　　C.　生成表查询　　　　D.　删除查询

二、多项选择题

1.　数据管理技术的发展大致经历了（　　　）阶段。

A.　人工管理　　　　　B.　计算机网络　　　　C.　数据库系统　　　　D.　科学计算

E.　文件系统

2.　数据库管理阶段具有的特性包括（　　　）。

A.　数据共享　　　　　　　　　　　　B.　数据独立性

C.　数据结构化　　　　　　　　　　　D.　独立的数据操作界面

3.　数据仓库的主要特征有（　　　）。

A.　非易失特性　　　　B.　一致性　　　　　　C.　集成特性　　　　　D.　时变特性

E.　面向主题特性

4. 数据库的兼容性主要是指（　　　）。

    A. 操作系统兼容性　B. 数据兼容性　　　　C. 操作人员的沟通性　D. 硬件兼容性

    E. 语言处理程序兼容性

5. 下列关于数据库的基本概念，说法正确的是（　　　）。

    A. 数据库在建立、运用和维护时由 DBS 统一管理

    B. Office 属于数据库系统

    C. 数据库中的数据具有较少的冗余度，较高的数据独立性

    D. 数据库管理系统包括数据定义功能

    E. 数据是描述事物的符号记录

6. 下面哪些是数据库系统中四类用户之一（　　　）。

    A. 数据库管理员　　B. 数据库设计员　　C. 应用程序员　　　　D. 终端用户

7. Access 2010 数据库对象包括宏、模块、（　　　）。

    A. 表　　　　　　　B. 报表　　　　　　C. 查询　　　　　　D. 页

    E. 窗体

8. 下面有关 Access 中表的叙述正确的是（　　　）。

    A. 表是 Access 数据库中的要素之一

    B. 表设计的主要工作是设计表的结构

    C. Access 数据库的各表之间相互独立

    D. 可将其他数据库的表导入到当前数据库中

9. 关于 Access 中的表和数据库，下列说法中正确的是（　　　）。

    A. 一个数据库可以包含多个表　　　　B. 一个表可以包含多个数据库

    C. 表是数据库的基础　　　　　　　　D. 数据库和表是相互独立的

    E. 一个表就是一个文件

10. 满足下列（　　　）条件的二维表，在关系模型中可被称为关系。

    A. 表中不能再有子表　　　　　　　　B. 每一列中的数据类型相同

    C. 行的顺序可以是任意的　　　　　　D. 表中的任意两行不能完全相同

    E. 列的顺序不能随意更改

11. Access 表结构设计窗口中上半部分的"表设计器"由（　　　）列组成。

    A. 索引　　　　　　B. 说明　　　　　　C. 字段名称　　　　D. 字段大小

    E. 数据类型

12. 数据库中常见的数据模型包括（　　　）。

    A. 概念模型　　　　B. 关系模型　　　　C. 网状模型　　　　D. 树状模型

    E. 层次模型

13. 专门的关系运算包括（　　　）。

    A. 选择运算　　　　B. 投影运算　　　　C. 连接运算　　　　D. 交叉运算

14. 在 Access 数据库系统中，能建立索引的数据类型是（　　　）。

    A. 文本　　　　　　B. 备注　　　　　　C. 数值　　　　　　D. 时间/日期

15. 查询可以分为（　　　）。

    A. 选择查询　　　　B. 操作查询　　　　C. SQL 查询　　　　D. 交叉表查询

    E. 生成表查询　　　F. 参数查询

16. 操作查询包括（　　　）。

　　A. 更新查询　　　　　B. 生成表查询　　　　C. 参数查询　　　　D. 删除查询

　　E. 追加查询

17. 下列属于 Access 窗体的视图是（　　　）。

　　A. 设计视图　　　　　B. 窗体视图　　　　　C. 布局视图　　　　D. 数据表视图

　　E. 数据透视表视图 F. 数据透视图视图

18. 下列有关 Access 2010 特点的说法中，正确的有（　　　）。

　　A. Access 2010 能够与 Excel、Word、PowerPoint 等办公软件进行数据交换与数据共享

　　B. Access 2010 内置了大量的函数

　　C. Access 2010 不支持多媒体的应用与开发

　　D. Access 2010 是一个同时面向数据库最终用户和开发人员的关系数据库管理系统

　　E. Access 2010 是独立的，不能与其他数据库相连

三、判断题

1. Access 是一个大型关系数据库管理系统，适合于开发大型管理信息系统。（　　　）

2. 一个关系就是一张二维表，二维表中垂直方向的列称为属性，有时也叫做一个字段。（　　　）

3. 选择数据库管理系统时，可以不必考虑安全性。（　　　）

4. 在建立表间的关系之前，应该关闭所有要建立关系的表。（　　　）

5. 二维表中水平方向的行称为元组，有时也叫做一条记录。（　　　）

6. 使用 Microsoft Access 无需编写任何代码，只需通过直观的可视化操作就可以完成大部分数据管理任务。（　　　）

7. 若一个关系有多个候选码，则可以任意选定其中一个或多个为主码，也称之为主键。（　　　）

8. 网状模型中，父结点与子结点间的联系是唯一的。（　　　）

9. Access 是 Microsoft Office 办公软件的组件，是一种关系数据库管理系统（RDBMS）。（　　　）

10. 在数据库设计过程中，做需求分析的目的是获取用户的信息要求、处理要求、安全性要求和完整性要求。（　　　）

11. Oracle、Sybase、Informix、Visual FoxPro 等都是关系数据库，但 Access 不是。（　　　）

12. 数据库管理系统是数据库系统的核心。（　　　）

13. 用树形结构来表示实体之间联系的模型是关系模型。（　　　）

14. 专门的关系运算包括选择、投影和连接。（　　　）

15. 宏对象是一个或多个宏操作的集合，其中的每一个宏操作都能实现特定的功能。（　　　）

16. Access 是一个关系型数据库管理系统，它通过各种数据库对象管理信息。（　　　）

17. 在表中文本型字段最多可存储 256 个字符。（　　　）

18. 字段名可以以字母、下画线和汉字开始，但不能以数字开始。（　　　）

19. 两个表之间的关系分为"一对一""一对多"和"多对多"3 种类型。（　　　）

20. 向表中输入数据时，按 Enter 键可以将插入点移到下一个字段。（　　　）

21. 多对多关系实际上是使用第三个表的两个一对多关系。（　　　）

22. 在 Access 中查询只有 3 种：选择查询、交叉查询和操作查询。（　　　）

23. 查询的 SQL 视图中，可以查看和改变 SQL 语句，从而改变查询。(　　)
24. 窗体上的控件可以根据是否与字段连接分为绑定控件和非绑定控件。(　　)
25. 在窗体中可以同时选择两个或更多的字段进行排序。(　　)
26. 报表的主要用途是输入数据，并按照指定的格式来打印输出数据。(　　)
27. Access 2010 只能打印窗体和报表中的所有数据。(　　)
28. 在报表中，用户可以根据需要按指定的字段对记录进行排序。(　　)
29. 数据库中的对象都可以从“数据库”窗口中打开、设计、新建或运行。(　　)
30. 表是数据库的基础，Access 不允许一个数据库包含多个表。(　　)
31. 表是数据库的基本对象，是创建其他对象的基础。(　　)
32. 数据库技术发展中的文件系统阶段支持并发访问。(　　)
33. Access 2010 中，在数据表中删除一条记录，被删除的记录可以恢复。(　　)

7.3 实验操作

7.3.1 实验一

一、实验目的

掌握创建数据库、创建表、设置主键、建立索引、建立表间关系的方法；掌握添加、编辑、删除字段的方法；掌握查找、替换、筛选记录和排序操作方法。

二、实验要求

（1）创建学生基本情况数据库，其中包括学生信息表，如图 7-1 所示；课程信息表，如图 7-2 所示；成绩表，如图 7-3 所示。

学生信息

ID	学号	姓名	性别	专业	添加新字段
1	2010001	张红	女	电子商务	
2	2010002	刘刚	男	电子商务	
3	2010003	李鑫	男	电子商务	
4	2010004	刘平安	男	电子商务	
5	2010005	张鹏	男	计算机科学与技术	
6	2010006	王红萍	女	计算机科学与技术	
7	2010007	李晨	男	计算机科学与技术	
8	2010008	王小凯	男	计算机科学与技术	
9	2010009	杨开平	女	电子商务	
10	2010010	李立	女	电子商务	
（新建）					

图 7-1　学生信息表

课程信息

ID	课程号	课程名称	学分	添加新字段
1	1	大学英语	6	
2	2	高等数学	6	
3	3	计算机导论	6	
4	4	C语言	4	
5	5	数学电路	4	
（新建）				

图 7-2　课程信息表

（2）设置学生信息表、课程信息表和成绩表的主键，其中学生信息表的主键为“学号”，课程信息表的主键为"课程号"，成绩表的主键为"学号"和"课程号"。

图 7-3　成绩表

（3）创建学生信息表、课程信息表和成绩表的索引。

（4）建立表之间的关系。

（5）向学生信息表中添加"年龄"字段。

（6）将学生信息表中的字段名"专业"改为"专业类别"。

（7）删除学生信息表中的"年龄"字段。

（8）查找"学生信息"表中专业为"软件工程"的学生记录。

（9）将"学生信息"表中的记录按"性别"降序排序。

（10）筛选"学生信息"表中性别为"女"的记录。

三、实验过程

1. 创建学生基本情况数据库

选择"文件"选项卡→"新建"按钮，如图 7-4 所示，在"可用模板"界面，默认空数据库，右边"文件名"文本框输入"student.accdb"文件名，单击"创建"按钮，显示如图 7-5 所示的界面。

图 7-4　"可用模版"界面

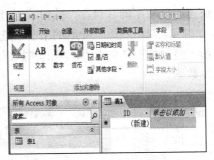

图 7-5　新建数据库界面

2. 创建学生信息表、课程信息表和成绩表，并为其设置主键

（1）如图 7-6 所示，在左边"导航网格"中选中"表 1"，然后单击鼠标右键，弹出如图 7-6 所示的快捷菜单。单击"设计视图"命令，弹出"另存为"对话框，如图 7-7 所示，在"表名称"文本框输入"学生信息"。

图 7-6　表的设计视图界面　　　　图 7-7　表名设定界面

（2）单击"确定"按钮，出现界面如图 7-8 所示，在"字段名称"及"数据类型"输入内容。

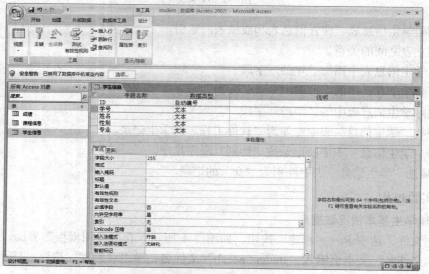

图 7-8　"学生信息表"设计视图界面

（3）选中"学号"行，单击"工具"组"主键"按钮，设定"学号"字段为主键，通过单击快速工具栏中的"保存"按钮或通过"文件"菜单中的"保存"命令，将文件保存。

（4）双击左边"导航网格"中选中表的"学生信息"表或单击"设计"选项卡"视图"组按钮，显示如图 7-9 所示，单击"数据表视图"出现如图 7-10 所示录入环境，如图 7-1 所示录入相关数据。

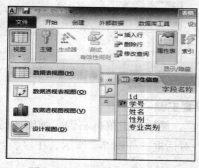

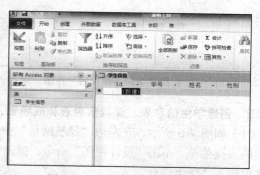

图 7-9　为表选择数据表视图　　　　图 7-10　在数据表视图录入环境

（5）采用同样的方法创建“课程信息”表，如图 7-11 所示，设置“课程号”为主键，录入课程信息表内容如图 7-12 所示。

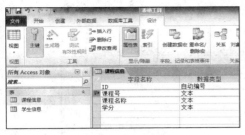

图 7-11　创建课程信息表界面

ID	课程号	课程名称	学分	添加新字段
1	1	大学英语	6	
2	2	高等数学	6	
3	3	计算机导论	6	
4	4	C语言	4	
5	5	数学电路	4	
（新建）				

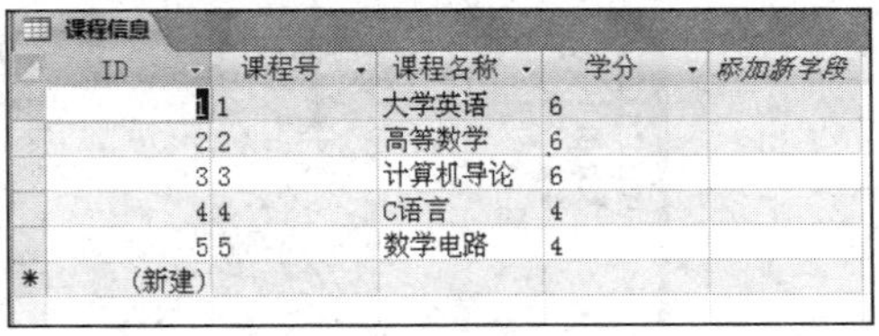

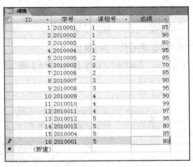

图 7-12　课程信息表

（6）创建“成绩”表，如图 7-13 所示，设置“课程号”“学号”为主键，如果主键是多字段的组合，如“成绩”表，“学号”+“课程号”两个字段才能唯一标示表中每一条记录，因此两个字段组合是该表主键。首先按住 Ctrl 键，再依次单击“学号”和“课程号”字段，然后单击“表格工具设计”工具栏→“工具”组→“主键”按钮。录入成绩表内容如图 7-14 所示。

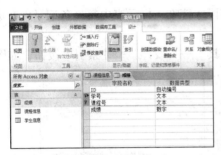

图 7-13　创建成绩表界面

ID	学号	课程号	成绩
1	2010001	1	85
2	2010002	1	90
3	2010003	1	80
4	2010004	1	95
5	2010005	2	85
6	2010002	2	70
7	2010006	2	85
8	2010007	3	90
9	2010008	3	95
10	2010009	4	90
11	2010010	4	99
12	2010011	4	97
13	2010012	5	95
14	2010013	5	80
15	2010004	5	85
16	2010001	5	80
（新建）			

图 7-14　成绩表

3. 创建学生信息表、课程信息表和成绩表的索引

打开“学生信息”表设计视图，选中“学号”字段，在“常规”选项卡“索引项”中选择“有（无重复）”项，设置学号字段索引，如图 7-15 所示。

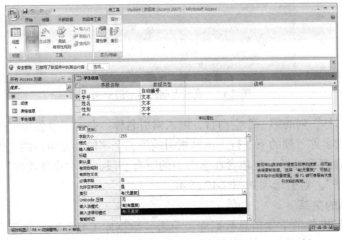

图 7-15　学生信息表设置索引项

同上，为"课程信息"表设置索引项"课程号"，如图 7-16 所示。

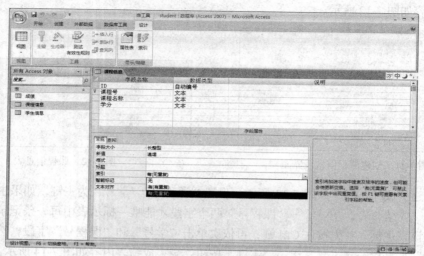

图 7-16　课程信息表设置索引项

在"成绩"表，需"学号"+"课程 ID"两个字段才能唯一标示表中每一条记录，在成绩表中创建多字段索引，步骤如下：

（1）在设计视图中打开创建好的表，单击"表工具"→"设计"→"索引"按钮，如图 7-17 所示。

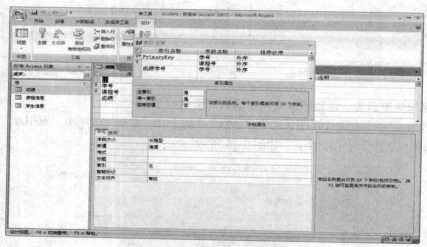

图 7-17　成绩表创建多字段索引

（2）在"索引名称"列的第一个空白行，键入索引名称。在"字段名称"列中，选择索引的第一个字段。在"字段名称"列的下一行，选择索引的第二个字段，使该行的"索引名称"列为空。

（3）重复该步骤直到选择了应包含在索引中的所有字段。按"排序次序"按钮，选择索引键值的排列方法"升序"，索引选项如图 7-17 所示。

4. 建立表之间的关系

（1）打开要进行操作的学生信息数据库。单击"数据库工具"→"关系"，自动打开"显示表"对话框，如图 7-18 所示。

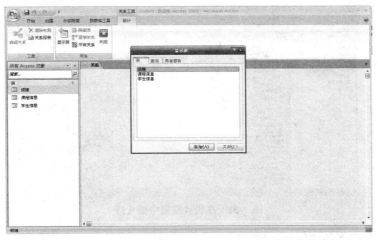

图 7-18　"显示表"对话框

（2）选中要建立关系的表，成绩表、课程信息表、学生信息表，单击"添加"到"关系"窗口中，单击"关闭"按钮。

（3）在"关系"窗口中，按下鼠标左键不放，把"课程"表中选中的"课程号"拖动到"成绩"表的"课程号"字段，选中"实施参照完整性"复选框，单击"确定"按钮，关系即被创建，如图 7-19 所示。

（4）用同样方法，创建其他表之间的关系，单击"关闭"按钮，如图 7-20 所示，保存关系。

图 7-19　"编辑关系"对话框

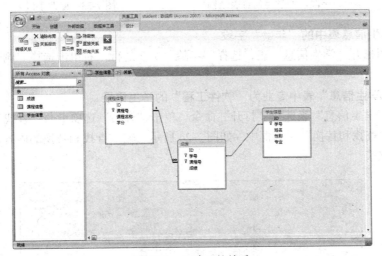

图 7-20　已建立的关系

5. 向学生信息表中添加"年龄"字段

（1）在设计视图打开"学生信息"表。

（2）选择"性别"所在的行，单击工具栏上的"插入行"按钮，如图 7-21 所示。

（3）在"字段名称"列中输入"年龄"，在"数据类型"列中选择所需的数据类型，如图 7-22 所示。

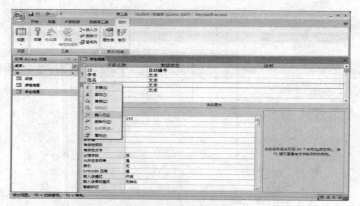

图 7-21　在设计视图中插入行

（4）单击工具栏上的"保存"按钮。

6. 将学生信息表中的字段名"专业类别"改为"专业"

在设计视图打开"学生信息"表。双击要更改的字段名"专业类别"，输入新的字段名"专业"，单击"保存"按钮，如图 7-23 所示。

图 7-22　添加"年龄"字段后的学生信息表结构

图 7-23　修改字段名"专业"

7. 删除学生信息表中的"年龄"字段

在设计视图打开"学生信息"表，选择"年龄"所在的行，右单击选择"删除行"命令。关闭表时保存表。

8. 查找"学生信息"表中专业为"软件工程"的学生记录

右键单击"学生信息"表选择"打开"命令，单击"开始"选项卡→"查找"选项组→"查找"按钮。在"查找和替换"对话框中，如图 7-24 所示，输入查找和替换的内容即可，注：在查找范围中选择该表。

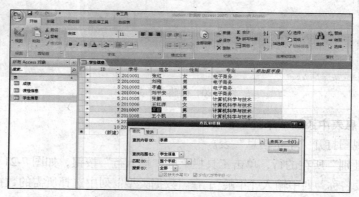

图 7-24　查找姓名"李晨"的学生记录

9. 将"学生信息"表中的记录按"性别"降序排序

打开"学生信息"表，单击要用于排序记录的字段"性别"，单击"开始"选项卡→"排序和筛选"选项组→"降序"按钮，如图 7-25 所示。

图 7-25　按性别排序后的学生信息表

注：排序方式包括升序和降序。

10. 筛选"学生信息"表中性别为"女"的记录

打开"学生信息"表，单击要用于筛选记录的性别字段，单击"开始"选项卡→"排序和筛选"选项组→"选择"下拉菜单，选择不等于"男"选项，如图 7-26 所示。

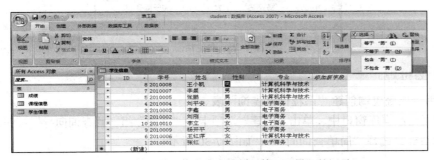

图 7-26　筛选学生信息表中性别不等于"男"的记录

视图区出现筛选结果如图 7-27 所示。

图 7-27　筛选后的学生信息表

7.3.2　实验二

一、实验目的

掌握数据库中查询的方法。

二、实验要求

（1）利用生成表查询创建"课程信息查询"表，如图 7-28 所示，其中字段包括学号、姓名、课程名称和成绩。

（2）利用选择查询从学生信息表中检索出所有女同学的记录，如图 7-29 所示。

学号	姓名	课程名称	成绩
2010002	刘刚	高等数学	70
2010003	李鑫	大学英语	80
2010001	张红	数学电路	80
2010006	王红萍	高等数学	85
2010005	张鹏	高等数学	85
2010004	刘平安	数学电路	85
2010001	张红	大学英语	85
2010009	杨开平	C语言	90
2010007	李晨	计算机导论	90
2010002	刘刚	大学英语	90
2010008	王小凯	计算机导论	95
2010004	刘平安	大学英语	95
2010010	李立	C语言	99

图 7-28　课程信息查询

学号	姓名	性别	专业
2010001	张红	女	电子商务
2010002	刘刚	男	电子商务
2010003	李鑫	男	电子商务
2010004	刘平安	男	电子商务
2010005	张鹏	男	计算机科学与技术
2010006	王红萍	女	计算机科学与技术
2010007	李晨	男	计算机科学与技术
2010008	王小凯	男	计算机科学与技术
2010009	杨开平	女	电子商务
2010010	李立	女	电子商务

图 7-29　女生信息

三、实验过程

1．利用生成表查询创建"课程信息查询"表

（1）利用在数据库窗口中，单击"创建"选项卡→"其他"组→"查询向导"按钮，打开"新建查询"对话框，选择"简单查询向导"，如图 7-30 所示。

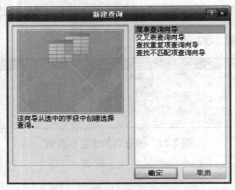

图 7-30　"新建查询"对话框

单击"确定"按钮，出现"简单查询向导"对话框，如图 7-31 所示。

在"表/查询"下拉菜单中选择"学生信息"表，在"可用字段"中双击"学号""姓名"字段；在"表/查询"下拉菜单中选择"课程信息"表，在"可用字段"中双击"课程名称"字段；在"表/查询"下拉菜单中选择"成绩"表，在"可用字段"中双击"成绩"字段，如图 7-32 所示。

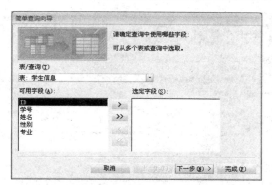

图 7-31 "简单查询向导"对话框 1

图 7-32 "简单查询向导"对话框 2

单击"下一步""完成"按钮，完成"课程信息查询"表，如图 7-33 所示。

图 7-33 通过查询向导生成课程信息查询表

（2）或利用"查询设计"创建查询表：在数据库窗口中，单击"创建"选项卡→"其他"组→"查询向导"按钮，打开"新建查询"对话框，选择"查询设计"按钮，选择添加"学生信息表""成绩表"及"课程信息表"，关闭对话框。

在查询的设计窗口中，分别通过双击字段名将各表中所需的字段添加到设计网格中，对"成绩"字段设置排序方式为升序，如图 7-34 所示。

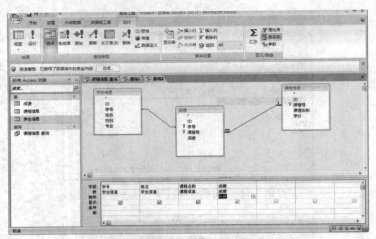

图 7-34　查询设计窗口

　　单击快速访问工具栏上"保存"按钮,在"另存为"对话框中,输入查询名称"学生课程信息查询",单击"确定"按钮。双击创建好的"学生课程信息查询",可以看到查询结果集,如图 7-35 所示,查询表按成绩升序排序。

图 7-35　通过查询设计生成学生课程信息查询表

2. 从学生信息表中检索出所有女同学的记录

　　(1)打开"学生基本情况"数据库,单击"创建"选项卡→"查询"组→"查询设计"按钮,显示"查询设计"视图,同时弹出"显示表"对话框,如图 7-36 所示。

图 7-36　"显示表"对话框

　　(2)在"显示表"对话框中将学生信息表添加到查询中,单击"关闭"按钮。

　　(3)在查询的设计窗口中,双击学号、姓名、性别、专业字段添加到设计网格中。

　　(4)在设计网格中单击"性别"字段的"条件"单元格,然后输入"女"。

　　(5)单击"文件"→"保存"或快速访问工具栏上的"保存"

按钮，弹出"另存为"对话框中输入"女生信息"，单击"确定"按钮，查询创建完毕。

（6）单击"查询工具-设计"选项卡→"结果"组→"运行"按钮，结果如图 7-37 所示。

学号	姓名	性别	专业
2010001	张红	女	电子商务
2010002	刘刚	男	电子商务
2010003	李鑫	男	电子商务
2010004	刘平安	男	电子商务
2010005	张鹏	男	计算机科学与技术
2010006	王红萍	女	计算机科学与技术
2010007	李晨	男	计算机科学与技术
2010008	王小凯	男	计算机科学与技术
2010009	杨开平	女	电子商务
2010010	李立	女	电子商务

图 7-37　女生信息

7.3.3　实验三

一、实验目的

掌握窗体的创建，并在窗体上使用控件实现对记录进行添加、修改、删除等操作。

二、实验要求

在设计视图中创建一个窗体，用于浏览"学生信息"表中的数据，效果如图 7-38 所示。

三、实验过程

（1）窗体创建：打开"学生基本情况"数据库，在左侧导航窗格选择窗体数据源"学生信息"表，单击"创建"选项卡→"窗体"组→"窗体"按钮，创建"学生信息"窗体，如图 7-39 所示。

图 7-38　学生信息窗体

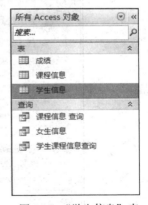

图 7-39　"学生信息"表

单击快速访问工具栏上的"保存"按钮，弹出"另存为"对话框中输入"学生信息"，单击"确定"按钮，窗体创建完毕。

（2）窗体设计：单击"创建"选项卡→"窗体"组→"窗体设计"按钮，单击"创建"选项卡→"工具"组→"添加现有字段"按钮，在右边"字段列表"窗体中双击学号、姓名、专业、课程号、课程名称、成绩字段，添加到窗体。

单击"文件"→"保存"命令，输入"学生成绩查询"，单击"确定"按钮。

单击"视图"→"窗体视图"，查看窗体运行结果，如图 7-40 所示。至此，一个学生成绩信息浏览界面设计完成。

单击窗体底部的左右按钮，可查看每个记录；单击窗体底部 ▶ 按钮，可添加新记录。

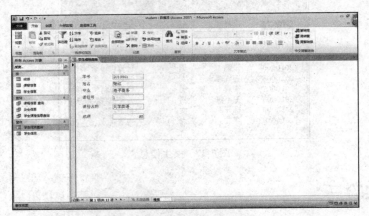

图 7-40　空白窗体的设计视图

7.3.4　实验四

一、实验目的

掌握信息报表的创建。

二、实验要求

根据学生基本情况数据库中的学生信息表创建一个报表，效果如图 7-41 所示。

ID	学号	学号	姓名	性别	专业
1	2010001	2010001	张红	女	电子商务
2	2010002	2010002	刘刚	男	电子商务
3	2010003	2010003	李鑫	男	电子商务
4	2010004	2010004	刘平安	男	电子商务
5	2010005	2010005	张鹏	男	计算机科学与技术
6	2010006	2010006	王红萍	女	计算机科学与技术
7	2010007	2010007	李晨	男	计算机科学与技术
8	2010008	2010008	王小凯	男	计算机科学与技术
9	2010009	2010009	杨开平	女	电子商务
10	2010010	2010010	李立	女	电子商务

学生信息　　2015年2月16日 星期一　下午 02:47:08

共 1 页，第 1 页

图 7-41　学生信息报表

三、实验过程

报表创建：打开"学生基本情况"数据库，在左侧导航窗格选择窗体数据源"学生信息"表，单击"创建"选项卡→"报表"组→"报表"按钮，创建"学生信息"报表，如图 7-42 所示。单击快速访问工具栏上的"保存"按钮，弹出"另存为"对话框中输入"学生信息"，单击"确定"按钮，窗体创建完毕。

第8章

计算机网络基础

8.1 教学要求及大纲

本章介绍了计算机网络的基础知识，主要内容包括：计算机网络中的基本概念、计算机网络中用到的硬件设备、Windows 7 操作系统中的网络功能。通过学习本章，要求读者达到以下学习目标：

理解计算机网络的定义；了解计算机网络的发展历程和发展趋势；掌握计算机网络的组成、功能及分类。

掌握计算机网络的硬件组成、软件组成、传输介质；理解网络协议与网络体系结构；理解计算机网络的拓扑结构。

了解 Window 7 的网络功能；掌握拨号连接的使用方法；熟练掌握通过网络设置计算机名、IP 地址等信息的方法；掌握设置共享资源和使用共享资源的方法。

掌握设置 IE 浏览器主页和清除 IE 浏览器临时文件的方法，学会保存网址到 IE 浏览器收藏夹、保存页面和保存页面中的图片。

掌握使用搜索引擎搜索指定关键字的方法。

掌握使用 Outlook Express 接收邮件并保存邮件中的附件的方法，学会使用 Outlook Express 发送带附件的邮件。

参考学时：实验 2 学时。

8.2 习　　题

一、单项选择题

1.（　　）用于实现互联网中交互式文件传输功能。

    A．RIP　　　　　　　B．SMTP　　　　　　　C．FTP　　　　　　　D．HTTP

2. 计算机网络的发展方向是 IP 技术和（　　）。

    A．光网络　　　　　B．服务网络　　　　　C．数据网络　　　　D．无线网络

3. 目前大量使用的 IP 地址中，（　　）地址的每一个网络的主机个数最多。

    A．D 类　　　　　　B．B 类　　　　　　　C．C 类　　　　　　D．A 类

4. 允许用户从服务器上把邮件存储到本地主机上，同时删除保存在邮件服务器上的邮件的协议是（   ）。

      A. TCP   B. FTP   C. POP3   D. SMTP

5. 用户要想在网上查询 WWW 信息，必须安装并运行一个被称为（   ）的软件。

      A. 操作系统   B. 数据库管理系统   C. 浏览器   D. 办公软件

6. TCP/IP 模型中的网际层对应于 OSI 参考模型中的（   ）。

      A. 会话层   B. 表示层   C. 网络层   D. 传输层

7. 以下有关顶级域名代码的说法不正确的是（   ）。

      A. cn 代表中国，ca 代表加拿大   B. mil 代表信息机构，org 代表非营利机构

      C. com 代表商业网站，edu 代表教育机构   D. net 代表网络机构，gov 代表政府机构

8. 目前广泛使用的 IP 的版本为 IPv4，其地址位数为（   ）位二进制数。

      A. 64   B. 128   C. 256   D. 32

9. Internet 网络通信使用的协议是（   ）。

      A. FTP   B. TCP/IP   C. SMTP   D. PPP

10. 下列不属于 OSI 参考模型分层的是（   ）。

      A. 应用层   B. 网络接口层   C. 网络层   D. 物理层

11. OSI 参考模型的物理层和数据链路层解决的是（   ）。

      A. 传输服务问题   B. 网络信道问题

      C. 协议转换问题   D. 应用进程的通信问题

12. 以下选项中（   ）不是设置电子邮件信箱所必需的。

      A. 账号名   B. 接收邮件服务器   C. 电子信箱的空间大小 D. 密码

13. （   ）是指以电子方式进行的商品和服务的生产、分配、市场营销、销售或交付。

      A. 网络认证   B. 电子商务   C. 数字签名   D. 电子政务

14. 网页中传输速度快、占用空间小的最主要信息是（   ）。

      A. 图片   B. 声音   C. 动画   D. 文字

15. www.pku.edu.cn 是（   ）。

      A. 政府机构网站   B. 商用机构网站   C. 教育机构网站   D. 非营利性机构网站

16. 以下选项中叙述不正确的是（   ）。

      A. 网络节点主要负责网络中信息的发送、接收和转发

      B. 计算机网络由计算机系统、通信链路和网络节点组成

      C. 资源子网提供计算机网络的通信功能，由通信链路组成

      D. 从逻辑功能上可以把计算机网络分成资源子网和通信子网两个子网

17. 电子邮件地址的正确格式是（   ）。

      A. 用户名、电子邮件服务器名   B. 用户名@电子邮件服务器名

      C. 用户名 a 电子邮件服务器名   D. 用户名/电子邮件服务器名

18. ISP 是指（   ）。

      A. 网络服务提供商   B. 网络控制协议

      C. 网络控制服务   D. 网络内容提供商

19. TCP/IP 模型的最低层为（   ）。

      A. 传输层   B. 物理层   C. 网络接口层   D. 网际层

20. 网络节点的主要功能不包括（　　　）。

　　A. 存储　　　　　　　　B. 发送　　　　　　　　C. 接收　　　　　　　　D. 加密

21. 某公司要通过网络向其客户传送一个大图片，最好的方法是借助（　　　）。

　　A. 电子邮件中的附件功能　　　　　　　　B. BBS

　　C. WWW　　　　　　　　D. Telnet

22. 统一资源定位器由 4 部分组成，它的一般格式是（　　　）。

　　A. 协议://主机名/路径/文件名　　　　　　　　B. 协议.主机名.路径.文件名

　　C. 协议.超级链接.应用软件.信息　　　　　　　　D. 协议://超级链接/应用软件/信息

23. 通常所说的 ADSL 指的是（　　　）。

　　A. 网络服务商　　　　　　　　B. 一种宽带网络接入方式

　　C. 一种网络协议　　　　　　　　D. 计算机五大部件之一

24. "一线联五洲""地球村"是计算机在（　　　）方面的应用。

　　A. 人工智能　　　　　B. 网络与通信　　　　　C. 信息管理　　　　　D. 科学计算

25. 张三给李四发送了一封电子邮件，如果李四不在线，则（　　　）。

　　A. 该邮件被退回

　　B. 该邮件正常发送，但由于李四不在线，邮件内容丢失

　　C. 该邮件被反复发送，直到李四在线接收为止

　　D. 该邮件正常发送，邮件保存在李四邮箱所在的邮件服务器上

26. 根据网络的覆盖范围划分，覆盖范围最小的网络是（　　　）。

　　A. LAN　　　　　　　　B. Internet　　　　　　　　C. MAN　　　　　　　　D. WAN

27. OSI 参考模型中，物理层的功能是（　　　）。

　　A. 数据格式的转换

　　B. 对数据传输进行管理

　　C. 对上层屏蔽传输媒体的区别，提供比特流传输服务

　　D. 在链路上无差错地传送帧

28. 以下有关顶级域名代码的说法中正确的是（　　　）。

　　A. cam 代表商业网站，edu 代表教育机构

　　B. mil 代表信息机构，arg 代表非营利机构

　　C. nat 代表网络机构，gav 代表政府机构

　　D. cn 代表中国，ca 代表加拿大

29. 有关网络拓扑结构的说法，不正确的是（　　　）。

　　A. 在总线型拓扑结构中，容易扩充网络

　　B. 在总线型拓扑结构中，故障检测和隔离较困难

　　C. 在星形拓扑结构中，中央节点不需要有很高的可靠性

　　D. 在环形拓扑结构中，任何一台计算机的故障都会影响整个网络的正常工作

30. 在地址栏输入一个 WWW 地址后，浏览器中出现的第一页被称为（　　　）。

　　A. 网页　　　　　　　　B. 主页　　　　　　　　C. 网站　　　　　　　　D. 导航

31. 在开放系统互联参考模型中，承担路由选择功能的层是（　　　）。

　　A. 数据链路层　　　　　B. 网络层　　　　　　　C. 物理层　　　　　　　D. 传输层

32. 下列有关 Internet 中主机域名与主机 IP 地址的说法中不正确的是（　　）。
    A. 主机的城名和主机 IP 地址的分配不是任意的
    B. 用户可以根据自己的情况任意规定主机的域名或 IP 地址
    C. 用户可以用主机的城名或主机的 IP 地址与该主机联系
    D. 主机的城名在命名时是遵循一定规则的

33. 用户的电子邮件信箱是（　　）。
    A. 邮件服务器内存中的一块区域　　　　B. 用户计算机硬盘上的一块区域
    C. 通过邮局申请的个人信箱　　　　　　D. 邮件服务器硬盘上的一块区域

34. 万维网的创始人是（　　）。
    A. 香农　　　　B. 巴贝奇　　　　C. 蒂姆·贝纳斯　　　　D. 冯·诺依曼

35. 网桥工作在 OSI 体系结构的（　　）。
    A. 传输层　　　　B. 网络层　　　　C. 物理层　　　　D. 数据链路层

36. 下列关于子网掩码的叙述中，错误的是（　　）。
    A. 将两台计算机各自的 IP 地址与子网掩码进行 AND 运算的结果相同，则这两台计算机是处于同一个子网络上的
    B. 子网掩码是用来判断两台任意计算机的 IP 地址是否属于同一子网的根据
    C. 子网掩码是由 ISP 规定的，用户不能自行配置
    D. 正常情况下子网掩码的地址：网络位全为"1"，主机位全为"0"

37. WWW 的全称是（　　）。
    A. World Wide Web　　　　　　　　B. Website of World Wide
    C. World Wais Web　　　　　　　　D. World Wide Wait

38. 网页上看到所收到邮件的主题行的开始位置有"回复："或 Re"字样时，一般表示该邮件是（　　）。
    A. 当前的邮件　　　　　　　　　　B. 希望对方回复的邮件
    C. 对方拒收的邮件　　　　　　　　D. 对方回复的答复邮件

39. 下面（　　）是 FTP 服务器的地址。
    A. c:\windows　　　　　　　　　B. http://192.163.113.23
    C. www.sina.com.cn　　　　　　　D. ftp://192.168.113.23

40. 下列 4 项中，不合法的 IP 地址是（　　）。
    A. 128.99.128.99　B. 201.11.31.256　C. 100.0.0.10　D. 150.46.254.1

41. WWW 上的每一个网页都有一个独立的地址，这些地址称为（　　）。
    A. 网址　　　　B. 网站　　　　C. 主页　　　　D. Home Page

42. 连接计算机到集线器的双绞线的最大长度为（　　）。
    A. 50 m　　　　B. 500 m　　　　C. 100 m　　　　D. 85 m

43. IPv4 表示的地址空间约有（　　）个 IP 地址。
    A. 40 亿　　　　B. 4000 万　　　　C. 50 亿　　　　D. 5000 万

44. 使用网络时，通信网络之间的传输介质，不可以使用（　　）。
    A. 无线电波　　　　B. 光缆　　　　C. 化纤　　　　D. 双绞线

45. 发布网站就是把创建或修改后的网站内容上传到（　　）。
    A. FTP 服务器　　B. E-mail 服务器　　C. Web 客户机　　D. Web 服务器

46. 目前在进行网络综合布线工程时，在使用的各种传输介质中，下列介质施工难度最大的是（　　）。

　　A. 光纤　　　　　　　　B. 同轴电缆　　　　　　C. 电话线　　　　　　　D. 五类双绞线

47. 用 Outlook Express 接收的电子邮件中带有回形针状标志，说明该邮件（　　）。

　　A. 有病毒　　　　　　　B. 有黑客　　　　　　　C. 有附件　　　　　　　D. 有木马

48. 一座办公大楼内各个办公室中的微机进行联网，这个网络属于（　　）。

　　A. MAN　　　　　　　　B. WAN　　　　　　　　C. LAN　　　　　　　　D. Internet

49. 使用（　　）命令用于检查当前 TCP/IP 网络中的配置情况，可显示本机的主机名、物理地址等配置参数。

　　A. Ping　　　　　　　　B. IPConfig　　　　　　C. Tracertr　　　　　　D. Cmd

50. 下列说法中，正确的是（　　）。

　　A. 调制解调器用来实现数字信号之间的通信

　　B. 调制解调器用来实现数字信号和模拟信号的转换

　　C. 调制解调器用来实现模拟信号之间的通信

　　D. 调制解调器只能数字信号转换为模拟信号，反之不可

51. 按照网络的拓扑结构划分，计算机网络分为总线型网络、星形网络、（　　）、树状网络和混合型网络等。

　　A. 无线网络　　　　　　B. 有线网络　　　　　　C. 环形网络　　　　　　D. 专用网络

52. 能够在复杂的网络环境中完成数据包的传送工作，把数据包按照一条最优的路径发送至目的网络的设备是（　　）。

　　A. 交换机　　　　　　　B. 路由器　　　　　　　C. 网桥　　　　　　　　D. 网关

53. 我们连接双绞线的 Rj-45 接头时，主要遵循（　　）标准。

　　A. EIA/TIA 568A 和 EIA/TIA 5688　　　　　B. EN50173

　　C. ISO/IEC11801　　　　　　　　　　　　　D. TSB67

54. OSI 参考模型采用的分层方法中，（　　）层为用户提供文件传输、电子邮件、打印等网络服务。

　　A. 表示　　　　　　　　B. 会话　　　　　　　　C. 物理　　　　　　　　D. 应用

55. 在 OSI 参考模型中，从低到高来说，第一层和第三层是（　　）。

　　A. 传输层和应用层　　　　　　　　　　　　　　B. 物理层和传输层

　　C. 数据链路层和网络层　　　　　　　　　　　　D. 物理层和网络层

56. 交换机不能实现的功能是（　　）。

　　A. 错误校验　　　　　　B. 流控制　　　　　　　C. 协议转换　　　　　　D. 物理编址

57. 目前常见的 10/100M 自适应网卡的接口是（　　）。

　　A. AUI　　　　　　　　B. BNC　　　　　　　　C. RJ-45　　　　　　　D. RJ-11

58. 网络的传输介质分为有线传输介质和（　　）。

　　A. 交换机　　　　　　　B. 光纤　　　　　　　　C. 无线传输介质　　　　D. 红外线

59. 以下（　　）命令用于监测网络连接是否正常。

　　A. net　　　　　　　　　B. ping　　　　　　　　C. ipconfig　　　　　　D. cmd

60. 信道最大传输速率又称（　　）。

　　A. 噪声能量　　　　　　B. 信号能量　　　　　　C. 信道宽度　　　　　　D. 信道容量

61. 与其他传输介质相比，下列不属于光纤的优点是（　　）。
    A. 传输损耗小，中继距离长　　　　　　　　B. 带宽高，抗电磁干扰能力强
    C. 无串音干扰，保密性好　　　　　　　　　D. 体积大，重量轻

62. 将模拟信号转换成数字化的电子信号，这个处理过程称为（　　）。
    A. 调制　　　　　　　B. 解调　　　　　　　C. 压缩　　　　　　　D. 解压缩

63. 在计算机网络中，表示数据传输有效性的指标是（　　）。
    A. 误码率　　　　　　B. 频带利用率　　　　C. 信道容量　　　　　D. 传输速率

64. 在 Outlook 窗口选定一个邮件，单击"回复"按钮，下列哪个选项不要填写？（　　）。
    A. 收件人　　　　　　B. 抄送　　　　　　　C. 密件抄送　　　　　D. 主题

65. 常用的数据传输速率单位有 Kbps、Mbps、Gbps，1 Gbps 等于（　　）。
    A. 1×1024 Mbps　　　B. 1×1024 Kbps　　　C. 1×1000 Mbps　　　D. 1×1000 Kbps

66. TCP／IP 是一种开放的协议标准，下列哪个不是它的特点？（　　）
    A. 独立于特定计算机硬件和操作系统　　　　B. 统一编址方案
    C. 政府标准　　　　　　　　　　　　　　　D. 标准化的高层协议

67. VLAN 在现代组网技术中占有重要地位，同一个 VLAN 中的两台主机（　　）。
    A. 必须连接在同一交换机上　　　　　　　　B. 可以跨越多台交换机
    C. 必须连接在同一集线器上　　　　　　　　D. 可以跨业多台路由器

68. 我国在 1991 年建成第一条与国际互联网连接的专线，实现者是中国科学院的（　　）。
    A. 数学所　　　　　　B. 物理所　　　　　　C. 高能所　　　　　　D. 情报所

69. 关于计算机网络的讨论中，下列哪种观点是正确的？（　　）
    A. 组建计算机网络的目的是实现局域网的互联
    B. 联入网络的所有计算机都必须使用同样的操作系统
    C. 网络必须采用一个具有全局资源调度能力的分布操作系统
    D. 互联的计算机是分布在不同地理位置的多台独立的自治计算机系统

70. 高层互联是指传输层及其以上各层协议不同的网络之间的互联，实现高层互联的设备是
（　　）。
    A. 网关　　　　　　　B. 网桥　　　　　　　C. 路由器　　　　　　D. 中继器

71. 下列哪项不是网络操作系统提供的服务？（　　）。
    A. 文件服务　　　　　B. 办公自动化服务　　C. 打印服务　　　　　D. 通信服务

72. 下列的 IP 地址中哪一个是 B 类地址？（　　）
    A. 10.10.10.1　　　　B. 191.168.0.1　　　C. 192.168.0.1　　　D. 202.113.0.1

73. 关于 WWW 服务，下列哪种说法是错误的？（　　）
    A. WWW 服务采用的主要传输协议是 HTTP
    B. 服务以超文本方式组织网络多媒体信息
    C. 用户访问 Web 服务器可以使用统一的图形用户界面
    D. 用户访问 Web 服务器不需要知道服务器的 URL 地址

74. 局域网与广域网、广域网与广域网的互联是通过哪种网络设备实现的？（　　）
    A. 服务器　　　　　　B. 网桥　　　　　　　C. 路由器　　　　　　D. 交换机

75. 下列网址书写格式正确的是（　　）。
    A. BB@com　　　　B. www.bb.com　　　C. news.163.com　　　D. http://www.bb.com

76. 用以太网形式构成的局域网，其拓扑结构为（　　　）。

    A. 环形　　　　　　　B. 总线型　　　　　　　C. 星形　　　　　　　D. 树形

77. 在 Internet 中的 IP 地址由（　　　）位二进制数组成。

    A. 8　　　　　　　　B. 16　　　　　　　　C. 32　　　　　　　D. 64

78. 在 IE 地址栏输入的"http://www.sundxs.com/"中，http 代表的是（　　　）。

    A. 协议　　　　　　　B. 主机　　　　　　　C. 地址　　　　　　　D. 资源

79. 在 Internet 上用于收发电子邮件的协议是（　　　）。

    A. TCP/IP　　　　　　B. IPX/SPX　　　　　C. POP3/SMTP　　　D. NetBEUI

80. 在 Internet 上广泛使用的 WWW 是一种（　　　）。

    A. 浏览服务模式　　B. 网络主机　　　　C. 网络服务器　　　D. 网络模式

81. 一个计算机网络组成包括（　　　）。

    A. 传输介质和通信设备　　　　　　　　B. 通信子网和资源子网

    C. 用户计算机和终端　　　　　　　　　D. 主机和通信处理机

二、多项选择题

1. 计算机网络中常用的传输介质有（　　　）。

    A. 双绞线　　　　　　B. 同轴电缆　　　　C. 调制解调器　　　D. 光纤

    E. 无线介质

2. IE 浏览器上常用的工具按钮不包括（　　　）。

    A. 前进　　　　　　　B. 粘贴　　　　　　C. 停止　　　　　　D. 复制

    E. 刷新

3. 计算机网络是（　　　）发展相结合的产物。

    A. 电子技术　　　　　B. 计算机技术　　　C. 信息技术　　　　D. 通信技术

    E. 多媒体技术

4. 统一资源定位器由 4 部分组成，它们分别是（　　　）。

    A. 时间及日期　　　　B. 路径　　　　　　C. 协议　　　　　　D. 主机名

    E. 文件名

5. 计算机网络的功能主要有（　　　）。

    A. 提高系统的可靠性　　　　　　　　B. 分布式处理　　　　C. 数据通信

    D. 资源共享　　　　E. 软件更新

6. 以下是衡量传输介质性能的指标有（　　　）。

    A. 带宽　　　　　　　B. 衰减性　　　　　C. 传输距离　　　　D. 抗干扰性

    E. 性价比

7. 计算机网络根据网络覆盖范围可以划分（　　　）。

    A. 国际网　　　　　　B. 局域网　　　　　C. 总线型网　　　　D. 城域网

    E. 广域网

8. 以下（　　　）是常见的计算机局域网络的拓扑结构。

    A. 星形结构　　　　　B. 树形结构　　　　C. 环形结构　　　　D. 总线型结构

    E. 网状结构

9. 从逻辑功能上可以把计算机网络分成（　　　）。

    A. 通信子网　　　　B. 计算机子网　　　　C. 教育网　　　　D. 资源子网

    E. Internet

10. 计算机网络由（　　）组成。

    A. 计算机系统　　B. CPU　　　　　C. 通信链路　　　　D. 网络节点

    E. 终端

11. 下列陈述中正确的有（　　　）。

    A. 对应于系统上的每一个网络接口都有一个 IP 地址

    B. IP 地址中有 16 位用于描述网络

    C. IP 地址通常直接用于用户之间的通信

    D. D 类地址用于多点广播

    E. IP 地址有无限多个

12. 计算机网络由哪两部分组成？（　　　）。

    A. 通信子网　　　　B. 计算机　　　　C. 资源子网　　　　D. 数据传输介质

    E. 服务器

13. 关于机算机网络的分类，以下说法哪种正确？（　　　）。

    A. 按网络拓扑结构划分有总线型、环形、星形和树形等

    B. 按网络覆盖范围和计算机间的连接距离划分：有局域网、城域网、广域网

    C. 按传送数据所用的结构和技术划分：有资源子网、通信子网

    D. 按通信传输介质划分：有低速网、中速网、高速网

    E. 按使用行业划分：有教育网、金桥网等

14. 哪些信息可在因特网上传输？（　　）

    A. 声音　　　　　　B. 图像　　　　　C. 文字　　　　　D. 普通邮件

    E. 气味

15. 关于机算机网络，以下说法哪种正确？（　　　）

    A. 网络就是计算机的集合

    B. 网络可提供远程用户共享网络资源，但可靠性很差

    C. 网络是通信技术和计算机技术相结合的产物

    D. 当今世界规模最大的网络是因特网

    E. 网络都是用网线直接连接的

16. 关于计算机网络的主要特征，以下说法哪种正确？（　　　）

    A. 计算机及相关外部设备通过通信媒体互连在一起，组成一个群体

    B. 网络中任意两台计算机都是独立的，它们之间不存在主从关系

    C. 不同计算机之间的通信应有双方必须遵守的协议

    D. 网络中的软件和数据可以共享，但计算机的外部设备不能共享

    E. 网络都是用网线直接连接的

17. 电缆可以按照其物理结构类型来分类，目前计算机网络使用较多的电缆类型有（　　　）。

    A. 双绞线　　　　　B. 输电线　　　　　C. 光纤　　　　　D. 同轴电缆

    E. 普通电线

18. 属于局域网的特点有（　　　）。

  A. 较小的地域范围
         B. 高传输速率和低误码率

  C. 一般为一个单位所建
       D. 一般侧重共享位置准确无误及传输的安全

  E. 安全性较差

三、判断题

1. 利用"网上邻居"可以访问其他计算机的所有资源。（　　　）

2. 局域网需要借助公共传输网（如电话网），具有传输速率高、可靠性好等优点。（　　　）

3. 通信子网提供访问网络和处理数据的能力，由主机、终端控制器和终端组成。（　　　）

4. 要浏览 Web 页面，必须在本地计算机上安装浏览器软件。（　　　）

5. 组是用户账户的集合，通过创建组成员的用户账户，可以赋予相关用户所有授予组的权利和权限。（　　　）

6. 网卡又叫网络适配器，它的英文缩写为 NIC。（　　　）

7. 单模光纤的光源可以使用较为便宜的发光二极管。（　　　）

8. 子网掩码是用来判断任意两台计算机的 IP 地址是否属于同一子网的依据。（　　　）

9. 网络设备自然老化的威胁属于人为威胁。（　　　）

10. 计算机网络传输介质的不同可以划分成有线网和无线网。（　　　）

11. 计算机网络中的计算机系统主要担负数据处理工作，它可以是具有强大功能的大型计算机，也可以是一台微机。（　　　）

12. 安装安全防护软件有助于保护计算机不受病毒侵害。（　　　）

13. 城域网一般来说就是在一个城市，但不在同一地理小区范围内的计算机互联。（　　　）

14. 通过电话线拨号上网，需要配备调制解调器。（　　　）

15. 因特网就是最大的广域网。（　　　）

16. E-mail 邮件可以发送给网络上任意一个合法用户，但不能发送给自己。（　　　）

17. 如果电子邮件到达时，你的电脑没有开机，那么电子邮件将退给发信人。（　　　）

18. E-mail 邮件每次只能发给一个用户，不能同时发给多个用户。（　　　）

19. IE 浏览器是微软 Windows 操作系统的一个组成部分，它是独立的，但要收费。（　　　）

8.3　实验操作

8.3.1　实验一

一、实验目的

通过该实验掌握设置 TCP/IP 的方法、学会查看本地连接状态、启用和禁用本地连接、设置网络标识、更改 IP 地址、子网掩码和默认网关。

二、实验要求

（1）当前计算机的 TCP/IP 属性如下。

  IP 地址：192.168.0.21

  子网掩码：255.255.255.0

默认网关：192.168.0.1

首选 DNS 服务器：202.102.152.3

（2）尝试查看本地连接状态。

（3）尝试禁用和启用当前网络连接。

（4）修改当前计算机名为"Computer"，所属工作组为"Office"。

三、实验过程

1. 在一台装有 Windows 7 的计算机上设置本地连接状态

（1）在桌面上右键单击"网络"图标→"属性"，打开网络连接窗口，如图 8-1 所示。

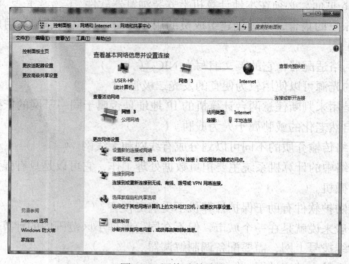

图 8-1　网络连接窗口

（2）在如图 8-1 所示窗口中单击"本地连接"→"属性"，打开"本地连接属性"对话框，如图 8-2 所示。

图 8-2　"本地连接属性"对话框

（3）在"本地连接属性"对话框中选中"Internet 协议版本（TCP/IPV4）"，单击"属性"按钮，弹出"Internet 协议版本 4（TCP/IPv4）属性"对话框，如图 8-3 所示。

（4）IP 地址可以根据网络中的实际状况进行设置。如果所在的网络中有 DHCP 服务器且可用，可以选择"自动获取 IP 地址"；如果是采用静态 IP 地址、子网掩码和默认网关，则设置进行域名解析的 DNS 服务器的 IP 地址、子网掩码和默认网关。设置完成后，单击"确定"按钮保存，完成本地连接的设置。

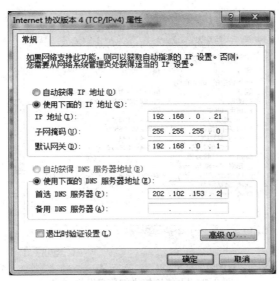

图 8-3　TCP/IP 属性对话框

2．查看本地连接状态、启用和禁用本地连接

（1）查看本地连接状态。

在如图 8-1 所示的窗口中单击"本地连接"将弹出"本地连接状态"对话框，如图 8-4 所示。用户可以通过此对话框查看网络连接的基本状态，如果否连接上、连接时间、连接速度、发送和接收到的数据包等。

图 8-4　"本地连接状态"对话框

（2）单击"详细信息"按钮，可以看到有关本机地址的信息，如图 8-5 所示。

（3）启用和禁用本地连接。

对于正在工作的本地连接可以禁用。在如图 8-4 中所示的"本地连接状态"对话框中单击"禁用"按钮，本地连接的图标变为灰色，此时就不能通过本机访问网络资源。若要启用本地连接，则需在如图 8-1 所示窗口中单击"更改适配器设置"，在弹出窗口中，右键单击"本地连接"，选择"启用"即可。

图 8-5　"网络连接详细信息"选项卡

3. 设置标识网络

（1）右键单击"计算机"→"属性"，弹出"系统属性"界面，单击"更改设置"，可以看到在网络中标识这台计算机的相关信息，如图 8-6 所示。

（2）单击"更改"按钮，弹出"计算机名/域更改"对话框，如图 8-7 所示。修改计算机名为"Computer"，修改工作组为"Office"，单击"确定"按钮。

图 8-6　"系统属性"对话框

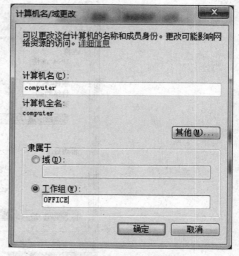

图 8-7　"计算机名/域更改"对话框

8.3.2　实验二

一、实验目的

通过该实验掌握在 Windows 7 中设置文件夹共享、驱动器共享的方法。

二、实验要求

（1）将 D 盘根目录下的实验文件夹设置为共享。

（2）将 D 盘设置为共享。

三、实验过程

1.　安装"Microsoft 网络的文件和打印机共享"

（1）依据上一个实验的步骤打开"本地连接属性"对话框，如图 8-2 所示。

（2）查看"此连接使用下列项目："中是否有"Microsoft 网络的文件和打印机共享"。如果有，则说明以及安装，本步骤可省略。

（3）如果在"此连接使用以下项目："中没有"Microsoft 网络的文件和打印机共享"，说明未安装，需手动安装。在对话框中单击"安装"按钮，弹出"选择网络功能类型"对话框。选择类型为"服务"，如图 8-8 所示。

在对话框中单击"添加"按钮，打开如图 8-9 所示的"选择网络服务"对话框，选择"Microsoft 网络的文件和打印机共享"，单击"确定"按钮即安装完毕。

图 8-8　"选择网络功能类型"对话框

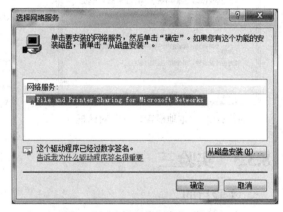

图 8-9　"选择网络服务"对话框

2.　共享文件夹、驱动器

（1）共享文件夹。

在"计算机"中打开 D 盘，右键单击"实验"文件夹→"共享"→"特定用户"，如图 8-10 所示，在弹出的"文件共享"窗口中添加可用访问该共享文件的用户名，如图 8-11 所示。

（2）共享驱动器。

在"计算机"中，右键单击要设置为共享的驱动器 D 盘图标→"高级共享"，弹出"本地磁盘（D:）属性"对话框，如图 8-12 所示。

单击对话框中的"高级共享"按钮，在弹出的对话框中选择"共享此文件夹"复选框，输入共享名，单击"确定"按钮，如图 8-13 所示。

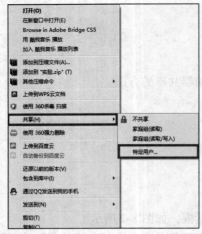

图 8-10　文件夹的快捷菜单

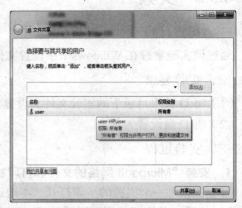

图 8-11　设置共享对话框

图 8-12　"本地磁盘属性"对话框

图 8-13　"高级共享"对话框

8.3.3　实验三

一、实验目的

通过该实验掌握设置 IE 浏览器主页和清除 IE 浏览器临时文件的方法，学会保存网址到 IE 浏览器收藏夹、保存页面和保存页面中的图片，掌握使用搜索引擎搜索指定关键字的方法。

二、实验要求

（1）设置百度首页（www.baidu.com）为 IE 浏览器主页。

（2）清除 IE 浏览器临时文件。

（3）保存百度首页（www.baidu.com）到 IE 浏览器收藏夹。

（4）使用 IE 浏览器打开百度首页（www.baidu.com），将百度公司标志图片保存到目录"H:\kaoshi\tupian"下，名称为"tp1.bmp"。

（5）使用百度搜索引擎（www.baidu.com）搜索关键字"山东省计算机等级考试"，将搜索结果页面保存为：（1）山东省计算机等级考试.mht；（2）山东省计算机等级考试.txt，保存到目录"H:\kaoshi\tupian"下。

三、实验过程

1. 设置百度首页（www.baidu.com）为 IE 浏览器主页

（1）打开 IE 浏览器，在地址栏中输入 www.baidu.com 后按 Enter 键，如图 8-14 所示。

图 8-14　百度首页（www.baidu.com）

（2）单击"工具"→"Internet 选项"→"常规"，单击"使用当前页"→"确定"按钮，如图 8-15 所示。

图 8-15　设置主页对话框

2. 清除 IE 浏览器临时文件

（1）打开 IE 浏览器。

（2）单击"工具"→"Internet 选项"→"常规"，单击"删除"→"确定"按钮，如图 8-16 所示。

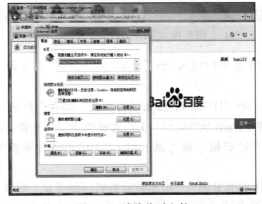

图 8-16　清除临时文件

3. 保存百度首页（www.baidu.com）到 IE 浏览器收藏夹

（1）打开 IE 浏览器，在地址栏中输入 www.baidu.com 后按 Enter 键，单击"收藏夹"→"添加到收藏夹"，如图 8-17 所示。

图 8-17　添加网址到"收藏夹"对话框

（2）单击"添加"。

4. 使用 IE 浏览器打开百度首页（www.baidu.com），将百度公司标志图片保存到目录"H:\kaoshi\tupian"下，名称为"tp1.bmp"

（1）打开 IE 浏览器，在地址栏中输入 www.baidu.com 后按 Enter 键。

（2）右键单击百度公司标志图片，单击"图片另存为"命令，如图 8-18 所示。

图 8-18　"图片另存为"对话框

（3）在"文件名"后的文本框内输入"tp1"，在"保存类型"后下拉菜单选择"位图（*.bmp）"，如图 8-19 所示。

（4）在地址栏内选择目录"H:\kaoshi\tupian"，单击"保存"按钮。

5. 使用百度搜索引擎（www.baidu.com）搜索关键字"山东省计算机等级考试"，将搜索结果页面保存为（1）山东省计算机等级考试.mht（2）山东省计算机等级考试.txt，保存到目录"H:\kaoshi\tupian"下

（1）在百度主页中的文本框里输入"山东省计算机等级考试"后按 Enter 键，如图 8-20 所示。

（2）在搜索结果页面单击"页面"→"另存为"，在"文件名"后的文本框内输入"山东省计算机等级考试",在"保存类型"后下拉菜单选择"Web 档案,单个文件(*.mht)",在地址栏内选择目录"H:\kaoshi\tupian",单击"保存"按钮,如图 8-21 所示。

图 8-19　"保存图片"对话框

(3)同理,可将搜索结果页面保存为"山东省计算机等级考试.txt",如图 8-22 所示。

图 8-20　输入搜索关键字

图 8-21　保存页面为"山东省计算机等级考试.mht"

图 8-22　保存页面为"山东省计算机等级考试.txt"

8.3.4　实验四

一、实验目的

通过该实验掌握使用 Outlook Express 接收邮件并保存邮件中的附件的方法，学会使用 Outlook Express 发送带附件的邮件。

二、实验要求

（1）使用 Outlook Express 接收邮件并保存邮件中的附件到目录"H:\kaoshi\tupian"下。

（2）使用 Outlook Express 发送带附件（"H:\kaoshi\tupian"下的文件"考试资料.rar"）的邮件（收件人地址 abc@sohu.com）。

三、实验过程

1.　使用 Outlook Express 接收邮件并保存邮件中的附件到目录"H:\kaoshi\tupian"下

（1）运行 Outlook Express，单击"发送/接收"→"发送/接收所有文件夹"，如图 8-23 所示。

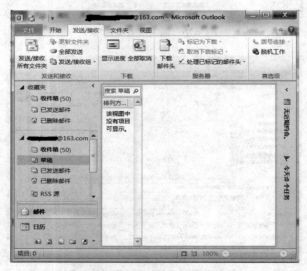

图 8-23　接收邮件

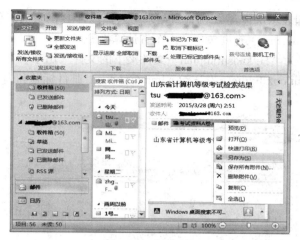

图 8-24　选择附件

（2）接收邮件后，在邮件窗口中右键单击附件，右键菜单中单击"另存为"命令，如图 8-24 所示。在"文件名"后的文本框内输入附件名称"考试资料"，在地址栏内选择目录 "H:\kaoshi\tupian"，单击"保存"按钮，如图 8-25 所示。

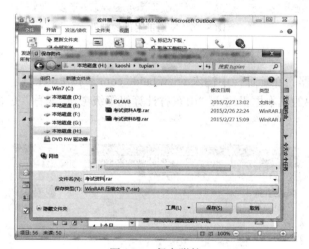

图 8-25　保存附件

2. 使用 Outlook Express 发送带附件（"H:\kaoshi\tupian"下的文件"考试资料.rar"）的邮件（收件人地址 abc@sohu.com）

（1）运行 Outlook Express，单击"文件"→"新建电子邮件"，在新邮件窗口中填写收件人地址（abc@sohu.com），单击"附加文件"→在地址栏中选择目录"H:\kaoshi\tupian"→单击附件（"考试资料.rar"）→单击"插入"按钮，如图 8-26 所示。

（2）单击"发送"按钮。

8.3.5　综合实验

一、实验要求

在一些标准的搜索引擎上，如果需要定制搜索结果，可以使用 A-B 这种形式作为关键字，其中 A 后有空格，减号即表示从包含 A 的检索结果中去掉包含 B 的页面。请利用上述特性通过搜索引擎（http://www.baidu.com）查询包含"山东省计算机等级考试"但不包含"职称"的页面，然后将该检索结果保存为"H:\kaoshi\tupian"文件夹下的文件"山东省计算机等级考试.mht"并作为邮件附件，通过 Outlook Express 发送给 admin@abc.cn，邮件标题和内容均为"山东省计算机等级考试检索结果"。

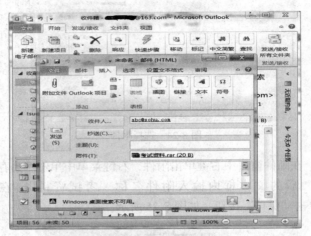

图 8-26　发送带附件的邮件

二、实验过程

（1）打开 IE 浏览器，在地址栏中输入 www.baidu.com 后按 Enter 键。

（2）在百度主页中的文本框里输入"山东省计算机等级考试–职称"后按 Enter 键，如图 8-27 所示。

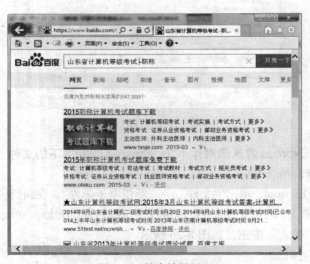

图 8-27　搜索结果页面

（3）在搜索结果页面单击"文件"→"另存为"，在"文件名"后的文本框内输入"山东省计算机等级考试"，在"保存类型"后下拉菜单选择"Web 档案，单个文件（*.mht）"，在地址栏内选择目录"H:\kaoshi\tupian"，单击"保存"按钮。

（4）运行 Outlook Express，单击"文件"→"新建电子邮件"，在新邮件窗口中填写收件人地址（admin@abc.cn），单击"附加文件"→在地址栏中选择目录"H:\kaoshi\tupian"→单击附件（"山东省计算机等级考试.mht"）→单击"插入"→邮件标题和内容均填写为"山东省计算机等级考试检索结果"，如图 8-28 所示。

图 8-28　编写带附件的邮件

（5）单击"发送"按钮。

第 9 章
信息安全

9.1　教学要求及大纲

　　网络信息安全是一个关系国家安全和主权、社会稳定、民族文化继承和发扬的重要问题，其重要性也正随着全球信息化步伐的加快越来越明显。网络信息安全是一门涉及计算机科学、网络技术、通信技术、密码技术、信息安全技术、应用数学、数论、信息论等多种学科的综合性学科。读者主要掌握网络信息安全的基本知识、网络信息安全面临的威胁、良好的安全意识、加强网络礼仪和道德的重要性、计算机犯罪的概念与特点、黑客的基本概念、信息安全的基本技术、防火墙技术、加密技术、VPN 技术。

　　计算机病毒是一组人为设计的程序，这些程序侵入计算机系统中，给计算机系统造成一定损害甚至严重破坏。读者要掌握计算机病毒的概念和特点、计算机病毒的分类、计算机病毒的传播途径、几种常见计算机病毒及其防治办法、计算机病毒的预防与清除。

　　所谓防火墙是指一个由软件和硬件设备组合而成，在内部网和外部网之间、专用网与公用网之间构造的保护屏障，是一种保证安全的形象化说法。读者要掌握防火墙的概念、基本功能、存在的缺陷；防火墙的不同分类方法：按保护网络使用方法、按发展的先后顺序、按防火墙在网络中的位置、按实现手段。

　　电子商务和电子政务是现在信息技术、网络技术的应用，它们都以计算机网络为运行平台，在现代社会建设中发挥着越来越重要的作用。读者要掌握电子商务的基本概念和对安全性的要求；电子商务所采用的安全技术；电子政务的基本概念及其安全对策。

　　为了有效地防止计算机犯罪，且在一定程度上确保计算机信息系统的安全运行，不仅要从技术上采取一些安全措施，还要在行政管理方面采取一些安全手段。主要掌握信息安全法规的基本内容与作用、国内外计算机信息安全系统的立法情况。

　　参考学时：实验 2 学时。

9.2　习　　题

一、单项选择题

1. 预防计算机病毒，应从管理和（　　　）两方面进行。

A. 培训　　　　　B. 审计　　　　　C. 技术　　　　　D. 领导

2. 根据信息安全的定义，以下描述中，（　　）属于"信息是安全的"。

A. 数据遭到恶意泄露　　　　　　　　B. 网络因硬件故障临时中断

C. 硬件遭到恶意破坏　　　　　　　　D. 软件遭到恶意攻击

3. Windows XP 在默认情况下会安装一些常用的组件，根据安全原则，应该是（　　）。

A. 最多的服务+最大的权限=最大的安全　　B. 最多的服务+最小的权限=最大的安全

C. 最少的服务+最小的权限=最大的安全　　D. 最少的服务+最大的权限=最大的安全

4. 网络防火墙能够（　　）。

A. 可以同时防止外部入侵和内部入侵　　B. 不能防止外部入侵，可以防止内部入侵

C. 能防止外部入侵，不能防止内部入侵　　D. 能防止外部的全部入侵

5. 按照计算机病毒的特有算法进行分类，病毒除了伴随型和蠕生型，其他都可以称之为（　　）病毒。

A. 木马型　　　　B. 黑客型　　　　C. 寄生型　　　　D. 脚本型

6. 通过因特网建立的一个临时的安全的连接，提供一条穿过混乱的公用网络的安全、稳定的隧道，这种技术称为（　　）。

A. 反病毒技术　　　　　　　　　　　B. 防火墙技术

C. 实体与硬件安全技术　　　　　　　D. 虚拟专用网技术

7. （　　）是用于在企业内部网和因特网之间实施安全策略的一个系统或一组系统。

A. 防火墙　　　　B. 入侵检测　　　　C. 杀毒软件　　　　D. 网络加密机

8. 计算机病毒传播可以利用的移动设备不包括（　　）。

A. 内存　　　　B. U 盘　　　　C. 移动硬盘　　　　D. 光盘

9. 计算机病毒在发展、演化过程中对自身的几个模块进行修改，从而产生不同于原版本的新病毒，称为病毒的（　　）特点。

A. 衍生性　　　　B. 复制牲　　　　C. 可执行性　　　　D. 传播性

10. 下列描述中，除了（　　）之外，都是对于防止计算机犯罪是有效的。

A. 从技术上采取一些安全措施　　　　B. 行政上不要采取干预手段

C. 制定完善信息安全法律法规　　　　D. 制定及宣传信息安全伦理道德

11. 网络安全的防范措施一般不包括（　　）。

A. 控制访问权限

B. 使用高档服务器

C. 选用防火墙系统

D. 增强安全防范意识，凡是来自网上的东西都要持谨慎态度

12. 计算机病毒不可以在计算机的（　　）中长期潜伏。

A. 移动硬盘　　　　B. 光盘　　　　C. U 盘　　　　D. 内存

13. 关于防火墙的实现手段，以下说法不正确的是（　　）。

A. 软件、硬件不可以结合实现　　　　B. 能用硬件实现

C. 软件、硬件都可以实现　　　　　　D. 能用软件实现

14. 在网络面临的威胁中，（　　）是指在不干扰网络信息系统正常工作的情况下，进行侦收、截获、窃取、破译和业务流量分析及电磁泄漏等。

A. 主动攻击　　　　B. 人为攻击　　　　C. 被动攻击　　　　D. 恶意攻击

15. 经常感染 Office 系列文件，然后通过 Office 通用模板进行传播的病毒一般为（　　）。

    A. 蠕生病毒　　　　B. 宏病毒　　　　C. 木马病毒　　　　D. 脚本病毒

16. （　　）是信息安全与保密的核心和关键。

    A. 防火墙技术　　　B. 反病毒技术　　　C. 密码技术　　　　D. 虚拟专用网技术

17. 关于防火墙，下列说法中不正确的是（　　）。

    A. 防火墙是在网络边界上建立起来的隔离内网和外网的网络通信监控系统

    B. 防火墙是近年发展起来的一种保护计算机网络安全的访问控制技术

    C. 防火墙可以防止计算机病毒在网络内传播

    D. 防火墙是一个用以阻止网络中的黑客访问某个机构网络的屏障

18. 网络防火墙能够（　　）。

    A. 可以同时防止外部入侵和内部入侵　　　B. 能防止外部的全部入侵

    C. 能防止外部入侵，不能防止内部入侵　　D. 不能防止外部入侵，可以防止内部入侵

19. 关于密码技术，传统密码体制所用的加密密钥和解密密钥相同，或从一个可以推出另一被称为（　　）。

    A. 双钥密码体制　　B. 非对称密码体制　C. 数字签名体制　　D. 单钥密码体制

20. 关于计算机病毒的特点，下面说法中正确的是（　　）。

    A. 病毒的设计一般不具有针对性，它会感染运行的所有文件

    B. 机器感染了病毒，用户都可以明显地感觉到

    C. 病毒一般只破坏软件或数据，不破坏机器的硬件

    D. 病毒的变种造成的破坏后果往往要比原版病毒严重的多

21. 在网络安全策略中，设置"屏蔽插件和脚本"是在（　　）进行的。

    A. "计算机"的"工具"菜单中　　　　B. IE 浏览器的"文件"菜单中

    C. IE 浏览器的"工具"菜单中　　　　D. "资源管理器"的"文件"菜单中

22. 按照计算机病毒的特有算法进行分类，病毒可以划分为伴随型、寄生型和（　　）病毒。

    A. 黑客型　　　　　B. 蠕虫型　　　　C. 脚本型　　　　　D. 木马型

23. 计算机病毒是（　　）。

    A. 计算机中的生物病毒　　　　　　　B. 能破坏计算机硬件的生物病毒

    C. 特别设计的程序段　　　　　　　　D. 正常计算机程序的变异

24. 在网络安全方面，（　　）是指程序设计者为了对软件进行测试或维护而故意设置的计算机软件系统入口点。

    A. 数据欺骗　　　　B. 活动天窗　　　C. 逻辑炸弹　　　　D. 清理垃圾

25. 关于电子政务的安全，（　　）行为不属于恶意破坏。

    A. 工作人员利用职务便利非法进入网络内部，对重要信息进行更改

    B. 政府内部人员与不法分子勾结，破坏重要信息数据库

    C. 政府人员泄私愤，破坏系统硬件设施

    D. 某工作人员安全意识不强，安全技术有限，因失误操作造成重要信息无法恢复

26. 关于计算机病毒，以下说法中不正确的是（　　）。

    A. 计算机病毒是正常计算机程序的变种　　B. 计算机病毒是特别设计的程序段

    C. 计算机病毒能破坏计算机的硬件　　　　D. 计算机病毒能破坏计算机软件

27. 关于密码算法中，（   ）是迄今为止世界上最为广泛使用和流行的一种分组密码算法。

    A. LOKI 算法　　　B. RSA 算法　　　C. IDEA 算法　　　D. DES 算法

28. 在网络面临的威胁中，（   ）一般指网络拓扑结构的隐患和网络硬件的安全缺陷。

    A. 人为攻击　　　B. 结构隐患　　　C. 软件漏洞　　　D. 安全缺陷

29. 加密算法和解密算法是在一组仅有合法用户知道的秘密信息的控制下进行的，该秘密信息称为（   ）。

    A. 密钥　　　　　B. 破译　　　　　C. 编码　　　　　D. 密码

30. 为了防范黑客，我们不应该做的行为是（   ）。

    A. 安装杀毒软件并及时升级病毒库　　　B. 不随便打开来历不明的邮件

    C. 暴露自己的 IP 地址　　　　　　　　D. 做好数据的备份

31. 在电子商务的安全技术中，实现对原始报文的鉴别和不可抵赖性是（   ）技术的特点。

    A. 安全电子交易规范　　　　　　　　　B. 认证中心

    C. 虚拟专用网　　　　　　　　　　　　D. 数字签名

32. （   ）是指非法篡改计算机输入、处理和输出过程中的数据，从而实现犯罪目的的手段。

    A. 特洛伊木马　　　B. 电子嗅探　　　C. 数据欺骗　　　D. 病毒

33. 下面不是计算机病毒的破坏性的是（   ）。

    A. 占用系统资源　　　　　　　　　　　B. 破坏或删除程序或数据文件

    C. 干扰或破坏系统的运行　　　　　　　D. 让计算机操作人员生病

34. 用数论构造的，安全性基于"大数分解和素性检测"理论的密码算法是（   ）。

    A. IDEA 算法　　　B. RSA 算法　　　C. DES 算法　　　D. LOKR 算法

35. 计算机病毒由安装部分、（   ）、破坏部分组成。

    A. 传染部分　　　B. 衍生部分　　　C. 加密部分　　　D. 计算部分

36. 在使用屏蔽主机防火墙的情况下，（   ）是这种防火墙安全与否的关键。

    A. 是否存在代理服务　　　　　　　　　B. 过滤路由器是否正确配置

    C. 外部主机与堡垒主机是否相连　　　　D. 是否存在"非军事区"

37. 在网络面临的威胁中，（   ）是指以各种方式有选择的破坏信息，如修改、删除、伪造、添加、重放、乱序、冒充、制造病毒等。

    A. 人为攻击　　　B. 恶意攻击　　　C. 被动攻击　　　D. 主动攻击

38. 关于防火墙的功能，以下描述错误的是（   ）。

    A. 防火墙可以检查进出内部网的通信量

    B. 防火墙可以使用过滤技术在网络层对数据包进行选择

    C. 防火墙可以使用应用网关技术在应用层上建立协议过滤和转发功能

    D. 防火墙可以阻止来自内部的威胁和攻击

39. （   ）是信息安全与保密的核心与关键。

    A. 虚拟专用网技术　B. 防火墙技术　　　C. 密码技术　　　D. 反病毒技术

40. 关于防火墙的实现手段，以下说法中不正确的是（   ）。

    A. 软件、硬件都可以实现　　　　　　　B. 能用软件实现

    C. 能用硬件实现　　　　　　　　　　　D. 软件、硬件不可以结合实现

41. 在网络面临的威胁中，（ ）不属于人为攻击行为。

    A. 有选择的删除了网络系统中的部分信息

    B. 窃取了部分信息但没有干扰网络系统正常工作

    C. 网络设备自然老化

    D. 因偶然事故致使信息受到严重破坏

42. 计算机病毒在触发之前没有明显的表现症状，一旦触发条件具备就会发作，从而对系统带来不良影响，这称之为病毒的（ ）。

    A. 潜伏性　　　　　B. 衍生性　　　　　C. 可执行性　　　　　D. 破坏性

43. 下列选项中，（ ）不是网络信息安全所面临的自然威胁。

    A. 恶劣的场地环境　　　　　　　　　B. 电磁辐射和电磁干扰

    C. 自然灾害　　　　　　　　　　　　D. 偶然事故

44. 根据防火墙的功能，我们认为防火墙肯定是指（ ）。

    A. 一个特定的软件　　　　　　　　　B. 一个特定的硬件

    C. 执行访问控制策略的一个或一组系统　D. 一批硬件的总称

45. 以下恶意攻击方式不属于主动攻击的是（ ）。

    A. 制造病毒　　　　　B. 截获、窃取　　　　　C. 伪造、添加　　　　　D. 修改、删除

46. 以下不属于计算机犯罪的手段的是（ ）。

    A. 特洛伊木马　　　　　　　　　　　B. 数据欺骗

    C. 电磁辐射和电磁干扰　　　　　　　D. 逻辑炸弹

47. 通常只感染扩展名为.com、.exe、.sys 等类型的文件的计算机病毒是（ ）。

    A. 宏病毒　　　　　B. 文件型病毒　　　　　C. 混合型病毒　　　　　D. 引导区型病毒

48. 网络信息安全的技术特征中，（ ）是系统安全的最基本要求之一，是所有网络信息系统建设和运行的基本目标。

    A. 运行速度　　　　　B. 运行质量　　　　　C. 稳定性　　　　　D. 可靠性

49. 计算机病毒本质上就是一段计算机指令或程序代码，具有自我（ ）的能力，目的是破坏计算机中的数据或硬件设备。

    A. 传播　　　　　B. 破坏　　　　　C. 复制　　　　　D. 移动

50. 目前网络病毒中影响最大的主要有（ ）。

    A. 特洛伊木马病毒　B. 生物病毒　　　　　C. 文件病毒　　　　　D. 空气病毒

51. 编写和故意传播计算机病毒，会根据国家（ ）法相应条款，按计算机犯罪进行处罚。

    A. 民　　　　　B. 刑　　　　　C. 治安管理　　　　　D. 保护

52. 信息系统的安全目标主要体现为（ ）。

    A. 信息保护和系统保护　　　　　　　B. 软件保护

    C. 硬件保护　　　　　　　　　　　　D. 网络保护

53. 反病毒软件（ ）。

    A. 只能检测清除已知病毒　　　　　　B. 可以让计算机用户永无后顾之忧

    C. 自身不可能感染计算机病毒　　　　D. 可以检测清除所有病毒

54. 对计算机软件正确的态度是（ ）。

    A. 计算机软件不需要维护　　　　　　B. 计算机软件只要能复制到就不必购买

    C. 计算机软件不必备份　　　　　　　D. 受法律保护的计算机软件不能随便复制

55. 计算机病毒是可以使整个计算机瘫痪，危害极大的（　　）。
　　A. 一种芯片　　　B. 一段特制程序　　　C. 一种生物病毒　　　D. 一条命令
56. 计算机安全包括（　　）。
　　A. 系统资源安全　　　　　　　　　　B. 信息资源安全
　　C. 系统资源安全和信息资源安全　　　D. 防盗
57. 使计算机病毒传播范围最广的媒介是（　　）。
　　A. 硬磁盘　　　B. 软磁盘　　　C. 内部存储器　　　D. 互联网

二、多项选择题

1. 按防火墙在网络中的位置划分，分布式防火墙包括（　　）。
　　A. 复合型防火墙　　B. 边界防火墙　　C. 网络防火墙　　D. 主机防火墙
　　E. 包过滤防火墙
2. 按照计算机病毒的危害能力分类，可分为（　　）。
　　A. 危险型　　B. 非常危险型　　C. 寄生型　　D. 无害型
　　E. 无危险型
3. 为了确保个人信息资料的绝对安全，我们应该定期清理上网记录，包括（　　）。
　　A. 更改主页设置　　　　　　　　B. 清理临时文件夹中的内容
　　C. 清理收藏夹中的内容　　　　　D. 定期清理缓存的信息
　　E. 清理历史上网记录
4. 网络信息安全对网络道德提出的新要求有（　　）。
　　A. 网络只需服务本国，无需面向世界
　　B. 要求网络道德只需服务于个人，无需考虑别人
　　C. 要求人们的道德意识更加强烈，道德行为更加自主自觉
　　D. 要求网络道德既要着力于当前，又是面向未来
　　E. 要求网络道德既要立足于本国，又要面向世界
5. 计算机病毒可以通过以下几种途径传播（　　）。
　　A. 通过键盘　　　　　　　　　　B. 通过点对点通信系统
　　C. 通过不可移动的计算机硬件　　D. 通过移动存储设备
　　E. 通过计算机网络
6. 以下（　　）是计算机犯罪的手段。
　　A. 制造和传播计算机病毒　　　B. 数据泄露　　　C. 数据欺编
　　D. 口令破解程序　　　　　　　E. 电子嗅探器
7. 关于预防计算机病毒，下面说法正确的是（　　）。
　　A. 谨慎地使用公用软件或硬件
　　B. 可以通过增加硬件设备来保护系统
　　C. 对系统中的数据和文件要不定期进行备份
　　D. 对所有系统盘和文件等关键数据要进行写保护
　　E. 使用计算机病毒疫苗
8. 目前常见的信息安全技术有（　　）。
　　A. 病毒与反病毒技术　　　　B. 防火墙技术　　　C. 高速宽带网络技术

D. 虚拟专用网技术　　　　　　　E. 密码技术

9. 下列（　　　）是防火墙应具有的基本功能。

A. 过虑进出网络的数据包

B. 封堵某些禁止的访问行为

C. 管理进出网络的访问行为

D. 对网络内部人员窃取、修改数据进行监控

E. 对病毒进行查杀

10. 下列（　　　）是电子出版物的特点。

A. 不便于检索和保存　　　　　　B. 传播范围比较小

C. 成本低　　　　　D. 体积小　　　　　E. 信息容量大

11. 为了让 IE 浏览器变得更加安全，其常用的安全设置不包括（　　　）。

A. 屏蔽插件和脚本　　　　　　　B. 使用代理服务器

C. 把主页设置为默认值　　　　　D. 合理设置 IE 浏览器的安全级别

E. 把 IE 浏览器升级到最新版本

12. 从管理角度来说，以下是预防和抑制计算机病毒传染的正确做法的是（　　　）。

A. 定期检测计算机上的磁盘和文件并及时清除病毒

B. 对所有系统盘和文件等关键数据要进行写保护

C. 谨慎使用公用软件和硬件

D. 任何新使用的软件或硬件必须先检查

E. 对系统中的数据和文件要定期进行备份

13. 以下是常见计算机犯罪手段的有（　　　）。

A. 制造和传播计算机病毒　　　　B. 特洛伊木马　　　　C. 数据欺骗

D. 逻辑炸弹　　　　　　　　　　E. 超级冲杀

14. 计算机病毒可以通过以下几种途径传播（　　　）。

A. 通过键盘　　　　　　　　　　B. 通过不可移动的计算机硬件

C. 通过点对点通信系统　　　　　D. 通过移动存储设备

E. 通过计算机网络

15. 用反病毒软件清除计算机中的病毒是一种较好的方法，下列不属于反病毒软件的有
（　　　）。

A. 卡巴斯基　　　　B. 瑞星　　　　　C. Access　　　　D. Norton

E. WPS

16. 以下属于计算机病毒预防措施的是（　　　）。

A. 保持环境卫生，定期使用消毒药水擦洗计算机

B. 安装杀毒软件或病毒防火墙

C. 对所有系统盘和文件等关键数据进行保护

D. 使用任何新软件或硬件前必须先检查

E. 安装可以监视 RAM 中的常驻程序并且能阻止对外存储器的异常操作的硬件设备

17. 以下恶意攻击方式属于被动攻击的是（　　　）。

A. 业务流量分析　　B. 冒充　　　　　C. 乱序　　　　　D. 破译

E. 侦收

三、判断题

1. 关于信息系统安全立法，除了国家有关部门制定的法律法规外，各地区根据本地实际情况制定的"实施细则"也属于这个范畴。（　　　）

2. 病毒在触发条件满足前没有明显的表现症状，不影响系统的正常运行，一旦触发条件具备就会给计算机系统带来不良的影响。（　　　）

3. 防火墙非常适用于收集关于系统和网络使用和误用的信息，因为所有进出信息都必须通过防火墙。（　　　）

4. 病毒会通过移动存储设备来进行传播，但不包括光盘。（　　　）

5. 数据欺骗是指非法篡改计算机输入、处理和输出过程中的数据，从而实现犯罪目的的手段。（　　　）

6. 加强网络道德建设，有利于加快信息安全立法的进程。（　　　）

7. 防火墙的实现手段是软硬件结合，不能用单一的软件或硬件实现。（　　　）

8. 如果网络入侵者是在防火墙内部，则防火墙是无能为力的。（　　　）

9. 木马病毒的传播方式主要有两种：一种是通过 E-mail，另一种是软件下载。（　　　）

10. "活动天窗"是程序设计者故意为实施犯罪而留下的软件系统入口。（　　　）

11. 计算机病毒的破坏性仅仅是占用系统资源，影响系统正常运行。（　　　）

12. 现在的计算机病毒已经不单单是计算机学术问题，而成为一个严重的社会问题了。（　　　）

13. 防火墙被用来防备已知的威胁，没有一个防火墙能自动防御所有的新的威胁。（　　　）

14. 双钥加密算法的特点是加解密速度快。（　　　）

15. 计算机犯罪造成的犯罪后果并不严重，所以我们不需要太在意这种犯罪形式。（　　　）

16. 双钥加密算法的特点是加、解密速度快。（　　　）

17. 被动攻击因不对传输的信息作任何修改，因而是难以检测的，所以抗击这种攻击的重点在于预防而非检测。（　　　）

18. 信息安全是一门以人为主，涉及技术、管理和法律的综合学科，同时还与个人道德意识等方面紧密相关。（　　　）

19. 一种计算机病毒一般不能传染所有的计算机系统或程序。（　　　）

参考答案

1.2 习题

一、单项选择题

1. C　2. C　3. C　4. D　5. D　6. C　7. B　8. D　9. D　10. B　11. D　12. A　13. D
14. A　15. B　16. A　17. C　18. C　19. B　20. C　21. A　22. D　23. B　24. D　25. B
26. B　27. C　28. D　29. B　30. B　31. B　32. D　33. C　34. C　35. C　36. B　37. A
38. B　39. A　40. A　41. D　42. D　43. D　44. C　45. D　46. B　47. B　48. C　49. D
50. B　51. C　52. B　53. B　54. B　55. A　56. A　57. D　58. B　59. C　60. D　61. C
62. A　63. A　64. D　65. D　66. D　67. A　68. D　69. A　70. C　71. B　72. C　73. D
74. D　75. B　76. B　77. A　78. D　79. A　80. A　81. D　82. B　83. D　84. B　85. B
86. C　87. B　88. C

二、多项选择题

1. BCDE　2. CD　3. ABDE　4. ABD　5. ACE　6. ACDE　7. BCE　8. ABCDE　9. ABCDE
10. ABCD　11. ABDE　12. ABDE　13. BD　14. ABDE　15. BCD　16. ADE　17. ABCDE
18. ABCD　19. BCD　20. ABDE　21. BCD　22. ABCD　23. ABCDE　24. ABCE　25. DE
26. ABCDE　27. ABD　28. ADE　29. BCE　30. AB　31. ABCD　32. ABCE　33. ABDE
34. BCE　35. BC　36. ADE　37. BCDE　38. AE　39. ACD　40. ABCDE　41. ABE　42. AD
43. ACDE　44. BC

三、判断题

1. √　2. √　3. √　4. √　5. √　6. ×　7. ×　8. ×　9. ×　10. √　11. ×　12. √
13. ×　14. ×　15. √　16. √　17. √　18. √　19. ×　20. √　21. ×　22. √　23. ×
24. √　25. √　26. ×　27. √　28. √　29. √　30. ×　31. ×　32. √　33. √　34. √
35. √　36. ×　37. ×　38. ×　39. √　40. √　41. √　42. ×　43. ×　44. ×　45. √
46. √　47. √　48. ×　49. √　50. ×

2.2 习题

一、单项选择题

1. B　2. A　3. B　4. A　5. A　6. A　7. B　8. A　9. B　10. D　11. A　12. A　13. B
14. C　15. A　16. B　17. D　18. A　19. D　20. A　21. C　22. C　23. B　24. A　25. A
26. B　27. A　28. A　29. C　30. C　31. D　32. B　33. C　34. A　35. B　36. A　37. D
38. B　39. A　40. B　41. A　42. D　43. D　44. C　45. C　46. A　47. B　48. A　49. D
50. C　51. D　52. D　53. D　54. D　55. A　56. D　57. C　58. C　59. B　60. A　61. A
62. C　63. D　64. D　65. C

二、多项选择题

1. BCDE　2. AD　3. ACDE　4. ACD　5. ACDE　6. ADE　7. ACDE　8. BDE　9. CDE
10. ACDE　11. ADE　12. ACD　13. BDE

三、判断题

1. × 2. √ 3. √ 4. √ 5. × 6. √ 7. × 8. √ 9. × 10. × 11. × 12. ×
13. × 14. √ 15. × 16. √ 17. × 18. × 19. √ 20. √ 21. √

3.2 习题

一、单项选择题

1. C 2. A 3. B 4. C 5. C 6. C 7. B 8. A 9. C 10. D 11. A 12. B 13. D
14. A 15. C 16. D 17. D 18. D 19. A 20. D 21. A 22. B 23. A 24. C 25. C
26. B 27. A 28. B 29. B 30. B 31. D 32. D 33. C 34. B 35. D 36. B 37. A
38. A 39. D 40. D 41. A 42. C 43. A 44. C 45. D 46. B 47. C 48. C 49. D
50. A 51. C 52. B 53. D 54. A 55. A 56. D 57. B 58. A 59. B 60. B 61. C
62. B 63. A 64. A

二、多项选择题

1. ABDE 2. ABCDE 3. BCDE 4. CDE 5. BDE 6. CE 7. ABDE 8. BCE 9. ACDE
10. ABCDE 11. BCDE 12. ABCDE 13. ABDE 14. BCD 15. ACDE 16. ABCE 17. CDE
18. BCE 19. ADE 20. ACD 21. BCD 22. AD 23. ACE 24. ABCD 25. AB 26. AB
27. ABD 28. ABD

三、判断题

1. × 2. × 3. × 4. √ 5. √ 6. × 7. √ 8. × 9. × 10. √ 11. × 12. ×
13. × 14. √ 15. × 16. × 17. × 18. × 19. √ 20. × 21. √ 22. √

4.2 习题

一、单项选择题

1. B 2. B 3. A 4. A 5. D 6. A 7. C 8. C 9. A 10. C 11. B 12. C 13. A
14. D 15. B 16. B 17. A 18. C 19. A 20. C 21. A 22. C 23. B 24. D 25. C
26. A 27. D 28. B 29. B 30. A 31. A 32. A 33. A 34. C 35. B 36. A 37. B
38. D 39. B 40. B 41. B 42. B 43. A 44. A 45. A 46. C 47. D 48. B 49. B
50. D 51. C 52. D 53. C 54. B 55. B 56. B 57. A 58. B 59. A 60. A 61. A
62. C 63. C 64. D 65. C 66. A 67. B 68. D 69. B 70. D 71. D 72. A 73. C
74. A 75. D 76. C 77. C 78. A 79. C 80. C 81. C 82. B 83. B 84. D 85. A
86. C 87. C 88. D 89. B 90. C 91. D 92. B 93. B 94. A 95. B 96. C 97. A
98. C 99. D 100. B 101. A 102. A 103. C 104. B 105. B

二、多项选择题

1. BCDE 2. ABCDE 3. ACDE 4. BCDE 5. AB 6. ABCE 7. ACD 8. CE 9. ABCDE
10. ACDE 11. ABDE 12. BCE 13. ADE 14. AD 15. AB 16. ABCDE 17. AB 18. ABD
19. ABD 20. BE 21. ABD 22. ACDE 23. ABCE 24. ABCD 25. BCDE 26. ABCDE
27. ABCE 28. ABCE 29. ABCE 30. BCD 31. ABCE 32. ABD 33. ABCDE 34. AC
35. BDE 36. ABE 37. CD 38. ABDE 39. BCDE 40. CDE 41. BCDE 42. ABD 43. ABD

三、判断题

1. × 2. × 3. √ 4. × 5. √ 6. × 7. × 8. × 9. × 10. √ 11. √ 12. √

13. √ 14. × 15. × 16. √ 17. × 18. × 19. √ 20. × 21. × 22. √ 23. √
24. × 25. × 26. √ 27. × 28. × 29. √ 30. × 31. √ 32. √ 33. √ 34. ×
35. √ 36. √ 37. √ 38. √ 39. √ 40. √ 41. √ 42. √ 43. ×

5.2 习题

一、单项选择题

1. D 2. B 3. B 4. B 5. C 6. A 7. B 8. A 9. C 10. B 11. D 12. A 13. A
14. B 15. D 16. B 17. D 18. D 19. B 20. B 21. A 22. C 23. A 24. B 25. C
26. D 27. A 28. D 29. B 30. B 31. D 32. D 33. A 34. C 35. C 36. B 37. B
38. B 39. B 40. D 41. C 42. D 43. B 44. C 45. A 46. D 47. A 48. D 49. D
50. B 51. A 52. D 53. C 54. D 55. B 56. B 57. D 58. D 59. A 60. C 61. A
62. B 63. B 64. B 65. D 66. D 67. D 68. A 69. A 70. C 71. A 72. D 73. D
74. A 75. D 76. A 77. C 78. B 79. B 80. C

二、多项选择题

1. ABCE 2. DE 3. ABD 4. ABCDE 5. ABCDE 6. BCE 7. ABCDE 8. BCD
9. ACDE 10. ABCDE 11. ABCDE 12. AB 13. BCD 14. BD 15. ABD 16. ABCDE
17. BD 18. ADE 19. ABCDE 20. ABCDE 21. ABE 22. ABDE 23. ABC 24. CDE
25. ADE 26. ABCDE 27. ABDE 28. ABDE 29. ACDE 30. ABCDE 31. BCDE 32. BDE
33. ADE 34. ABE

三、判断题

1. × 2. √ 3. × 4. × 5. × 6. × 7. √ 8. × 9. √ 10. × 11. √ 12. ×
13. √ 14. √ 15. √ 16. × 17. √ 18. √ 19. × 20. × 21. √ 22. × 23. √
24. × 25. × 26. √ 27. √ 28. √ 29. √ 30. × 31. √ 32. √ 33. √ 34. ×
35. √

6.2 习题

一、单项选择题

1. B 2. B 3. B 4. B 5. D 6. B 7. B 8. A 9. D 10. D 11. C 12. A 13. D
14. A 15. C 16. C 17. D 18. C 19. A 20. C 21. A 22. C 23. D 24. B 25. C
26. B 27. B 28. B 29. A 30. D 31. A 32. C 33. A 34. B 35. B 36. C 37. D
38. A 39. C 40. D 41. A 42. A 43. C 44. D 45. C 46. A 47. B 48. D 49. D
50. B 51. C 52. D 53. D 54. A 55. D 56. D 57. B 58. D 59. A 60. B 61. A
62. C

二、多项选择题

1. BCDE 2. BCDEF 3. ABCDE 4. BCD 5. BCE 6. BCE 7. BCDE 8. BDE 9. BCDE
10. ABDE 11. ABCD 12. ACD 13. ABCD 14. ABCDE 15. BD 16. ABCDE 17. ABCE
18. ACDE 19. ABCDE 20. ABE

三、判断题

1. × 2. √ 3. √ 4. × 5. √ 6. √ 7. × 8. √ 9. √ 10. √ 11. √ 12. ×
13. √ 14. √ 15. √ 16. × 17. √ 18. √ 19. × 20. × 21. × 22. √ 23. ×

24. √ 25. √ 26. × 27. √ 28. × 29. √ 30. × 31. √ 32. √ 33. √ 34. ×
35. × 36. × 37. ×

7.2 习题

一、单项选择题

1. A 2. C 3. B 4. B 5. A 6. C 7. C 8. C 9. C 10. A 11. B 12. B 13. A
14. D 15. A 16. A 17. C 18. B 19. C 20. B 21. C 22. C 23. D 24. C 25. A
26. C 27. A 28. D 29. D 30. B 31. D 32. A 33. C 34. A 35. D 36. B 37. D
38. D 39. B 40. C 41. D 42. B 43. C 44. C 45. B 46. B 47. D 48. C 49. D
50. D 51. B 52. B 53. C 54. D 55. A 56. A 57. B 58. B 59. D 60. A 61. D
62. B 63. C 64. B 65. D 66. B 67. C 68. A 69. C 70. B 71. C 72. C 73. D
74. A 75. C 76. B

二、多项选择题

1. ACE 2. ABCD 3. ACDE 4. ABD 5. CDE 6. ABCD 7. ABCE 8. ABD 9. AC
10. ABCD 11. BCE 12. BCE 13. ABC 14. ACD 15. ABCDF 16. ABDE 17. ABCDEF
18. ABD

三、判断题

1. × 2. √ 3. × 4. × 5. √ 6. √ 7. × 8. × 9. √ 10. √ 11. × 12. √
13. × 14. √ 15. √ 16. √ 17. × 18. × 19. √ 20. × 21. √ 22. × 23. √
24. √ 25. × 26. × 27. × 28. √ 29. √ 30. × 31. √ 32. × 33. ×

8.2 习题

一、单项选择题

1. C 2. A 3. D 4. C 5. C 6. C 7. B 8. D 9. B 10. B 11. B 12. C 13. C
14. D 15. C 16. C 17. B 18. A 19. C 20. D 21. A 22. A 23. B 24. B 25. D
26. A 27. C 28. D 29. C 30. B 31. B 32. B 33. D 34. C 35. D 36. C 37. A
38. D 39. D 40. B 41. A 42. C 43. A 44. C 45. D 46. A 47. C 48. C 49. B
50. B 51. C 52. B 53. A 54. D 55. C 56. B 57. D 58. C 59. B 60. D 61. C
62. A 63. D 64. A 65. A 66. C 67. B 68. B 69. D 70. A 71. B 72. B 73. D
74. C 75. D 76. B 77. C 78. A 79. C 80. A 81. B

二、多项选择题

1. ABDE 2. BD 3. BD 4. BCDE 5. BCDE 6. ABCDE 7. BDE 8. ABCDE 9. AD
10. ACD 11. AD 12. AC 13. AB 14. ABCD 15. CD 16. BC 17. AC 18. ABC

三、判断题

1. × 2. × 3. × 4. √ 5. √ 6. √ 7. √ 8. √ 9. × 10. √ 11. √ 12. √
13. √ 14. × 15. √ 16. × 17. × 18. × 19. ×

9.2 习题

一、单项选择题

1. C 2. B. 3. C 4. C 5. C 6. D 7. A 8. A 9. A 10. B 11. B 12. D 13. A

14. C 15. B 16. C 17. C 18. C 19. A 20. D 21. C 22. B 23. C 24. B 25. D
26. A 27. D 28. B 29. A 30. C 31. D 32. C 33. D 34. B 35. B 36. B 37. A
38. D 39. C 40. D 41. C 42. A 43. D 44. C 45. B 46. C 47. B 48. D 49. C
50. A 51. C 52. A 53. A 54. D 55. B 56. C 57. D

二、多项选择题

1. CD 2. ABDE 3. BDE 4. CDE 5. BDE 6. ABCDE 7. ABCDE 8. ABDE 9. ABC
10. CDE 11. BC 12. ABCDE 13. ACD 14. BDE 15. CE 16. BCDE 17. ADE

三、判断题

1. √ 2. √ 3. √ 4. × 5. √ 6. √ 7. × 8. √ 9. √ 10. × 11. × 12. √
13. √ 14. × 15. × 16. × 17. √ 18. √ 19. √